SOD 果品
提质增效配套技术

SOD GUOPIN TIZHI ZENGXIAO PEITAO JISHU

汪景彦　苏跃勋　主编

中国科学技术出版社
·北 京·

图书在版编目（CIP）数据

SOD果品提质增效配套技术/汪景彦，苏跃勋主编 . —北京：
中国科学技术出版社，2018.12
ISBN 978-7-5046-8145-4

Ⅰ. ① S… Ⅱ. ①汪… ②苏… Ⅲ. ①果树园艺 Ⅳ. ① S66

中国版本图书馆 CIP 数据核字（2018）第 219743 号

策划编辑	刘	聪
责任编辑	刘	聪
装帧设计	中文天地	
责任校对	焦	宁
责任印制	徐	飞

出　　版	中国科学技术出版社
发　　行	中国科学技术出版社发行部
地　　址	北京市海淀区中关村南大街16号
邮　　编	100081
发行电话	010-62173865
传　　真	010-62173081
网　　址	http://www.cspbooks.com.cn

开　　本	889mm×1194mm　1/32
字　　数	160千字
印　　张	6.375
版　　次	2018年12月第1版
印　　次	2018年12月第1次印刷
印　　刷	北京长宁印刷有限公司
书　　号	ISBN 978-7-5046-8145-4 / S・741
定　　价	28.00元

本书编委会

主　编

汪景彦　苏跃勋

副主编

宋重光　隋秀奇　张　华

李泽义　仝丽丽

参编人员

（按姓氏笔划排序）

王大江　王　旭　王　昆

毛保卫　刘　佳　苏仲森

苏铭瑞　李令文　张　玲

陈从义　陈建民　纵　敏

赵战雷　赵继荣　耿道顶

雷诗情　薛会平

Preface 前言

　　不知不觉，我们引进、试验和推广 SOD（超氧化物歧化酶）果品已经 15 年了。2002—2006 年，SOD 苹果在灵宝市寺河山试验生产成功——植物源 SOD 苹果，每克果肉含 SOD 达到 22 个酶活单位；动物源 SOD 苹果，每克果肉含 SOD 达到 39 个酶活单位，都已超过标准果肉的 20 个酶活单位。市场上每个 SOD 苹果可卖到 10 元以上，几十个基地发展 SOD 苹果，每亩净收入能翻一番，亩经济收入均可达 2 万元以上。

　　2005 年之后，我们和宋重光教授、王林嵩教授合作，建成了 SOD、POD（过氧化物酶）生产线和检测实验室，大大降低了 SOD、POD 产业的研究成本，同时在桃、梨、杏、大枣、核桃、西红柿、黄瓜、西瓜、哈密瓜、香瓜等果品蔬菜上开展了试验研究。我们通过不同浓度、不同时期、不同喷施次数的试验检测，基本了解了 SOD 果品的生产原理和生产效果，逐步调整优化喷施方法，从原来喷打 6 次，逐年调整为 5 次、4 次、3 次、2 次。每次喷完，效果都十分明显。施用 2 500 倍 700 单位／克的 SOD 液，每喷一次，每个果实可增加 8～15 个酶活单位。

　　如果想在精品果生产的基础上培育 SOD 功能果，那么还需要先进的配套技术。2004 年我们聘请了中国农科院果树研究所的汪景彦研究员作为首席果品专家，十几年来，汪老师潜心研究 SOD 果品生产新技术，走到哪里就将 SOD 果品宣传和推广到哪里，同时不断地总结推广效果、解决存在的问题。自 SOD 果品推广以来，不但使果品优生区的果农转变了生产精品果的意识，提高了管理水平，而且改变了果农销售果品的观念——果品由按千克卖变为按个卖。随着消费者对水果保健性和营养性要求的提高，SOD果品已迅速成为高档礼品和时尚水果的佳选，高回报使SOD产业成为了农民脱贫致富的一条新途径。

SOD果品作为新兴产业，发展快、增值空间大，农民种植热情高。但目前存在配套技术跟不上、果品质量没保证、没有龙头企业带动、市场混乱等问题，致使果农利益得不到保障。为了实施品牌带动战略，推广普及SOD果品配套生产新技术，不断规范市场秩序、满足广大果农需求，笔者联合多位SOD资深专家，总结十多年的生产经验，精心编写了本书。本书内容突出实用性和可操作性，文字通俗易懂，适合果品生产者、经营者、基层农技推广人员和相关专业院校师生阅读参考。

本书编写过程中，得到了相关部门和同行的大力支持，在此表示由衷的感谢！由于时间仓促和水平有限，书中不足之处敬请广大读者提出宝贵意见。

苏跃勋

Contents 目 录

第一章

概　述

一、SOD 的概念

SOD 即超氧化物歧化酶，是 1969 年美国杜克大学的弗里多维奇教授和他的研究生麦克考德发现的。它可催化如下反应：

$$2O_2^- + 2H^+ \xrightarrow{\text{SOD}} H_2O_2 + O_2$$

这是典型的歧化反应，也是此酶名称的缘由。反应中，SOD 催化 2 个 O_2^-（超氧阴离子自由基）发生氧化还原反应，从而将有毒的超氧阴离子淬灭。超氧阴离子自由基是生物体内多种生理生化反应中自然生成的中间产物。自由基具有极强的反应活性，在生物细胞中的氧自由基极易攻击生物分子，如膜脂、蛋白质、酶和核酸等，从而引起细胞的损伤，导致疾病的发生。在生物体内，SOD 通过催化 O_2^- 的歧化反应使自由基淬灭，反应生成的 H_2O_2 又可以在过氧化氢酶（CAT）和过氧化物酶（POD）等抗氧化物的作用下被清除，从而保证生物体内自由基浓度保持在恰当的水平，抑制其对细胞的伤害，防止相应疾病的发生。

但是，生物体受体内外各种因素的影响（如氧自由基生成过量或清除系统功能降低），其抗氧化系统不能正常发挥作用，导致氧自由基水平异常，诱使各种疾病发生。此时，便需要临床补

充抗氧化物如 SOD 等，以维持生物体正常的生命机能，抑制病理进程，达到预防和治疗的目的。这便是 SOD 生产与应用的基本原理。

二、SOD 的医疗保健功能

SOD 是中国卫生部批准的具有延缓衰老功能的物质之一，被认定为具有抗衰老、调节免疫力、调节血脂、美容、抗辐射等作用。

关于 SOD 功效，中国卫生部批准文号：抗衰老为 97-748、98-81；免疫调节为 97-221、97-598；调节血脂为 97-9、97-267；美容为 97-795；抗辐射为 97-697。

（一）抗 氧 化

氧是一切需氧生物生命活动必需的基础物质之一，但氧在参与生命活动的同时也会产生氧自由基，从而引起一些负面反应，导致生命机能异常。当然，正常的氧化作用是机体必需的代谢过程，例如能量的产生与利用，但是过度氧化就会对细胞造成重大伤害。机体内存在抗氧化酶和天然抗氧化剂。抗氧化酶包括 SOD、CAT、POD 及谷胱甘肽过氧化物酶（Gpx）等；天然抗氧化剂包括胡萝卜素类、抗坏血酸素、维生素 E（V_E）以及各种多酚类物质。它们或清除自由基，或阻抑自由基链式反应的启动，从而终止自由基反应，防止其对组织细胞产生伤害。

医学报告指出，人体抗氧化能力的衰退期已提前至 35 岁左右。仅靠平常的膳食补充已经不足以消除人体内外共同形成的氧化压力，因此，人体需要外源补充抗氧化剂抵御氧化。

（二）预防慢性病及其并发症

自由基是科学家发现的导致各种慢性病与老化症的罪魁祸

首，故有人说它是万病之源，是人体健康的大敌。自由基对身体的伤害是日积月累的，尤其与糖尿病、心血管疾病等的发生联系紧密。

自由基对人体组织细胞的损伤称为氧化应激反应。研究发现，若糖尿病患者的组织细胞中自由基异常升高，且自由基清除酶的活性下降，就易产生氧化应激反应。现在认为氧化应激是糖尿病慢性并发症（DCC）的重要发病机制之一。Brownlee 等试验发现，线粒体基质中存在的 Mn-SOD 可以有效阻止 DCC 的发生和发展。

心血管疾病包括冠心病、高血压、充血性心力衰竭和中风，是人类致死、致残的主要疾病。研究发现，在血管的病理和生理学方面，活性氧起着重要作用，它参与了心血管疾病发生、发展的整个过程。高浓度的超氧化物可以对血管内皮细胞和平滑肌细胞造成损伤，甚至会引起细胞凋亡。SOD 可清除活性氧自由基，减缓脂质过氧化反应，从而保护血管内皮细胞免受氧自由基的损伤，防止动脉硬化的形成。

其他一些慢性病也与氧自由基关系密切，因此良好生活习惯的养成，以及通过膳食摄取足量的自由基清除剂（SOD），可以让人体远离慢性病的威胁。

（三）抗衰老

科学家们提出了多种衰老学说，如免疫学说、中毒学说、自由基学说等，其中自由基学说较为被人接受。

该理论认为，正常情况下机体内自由基的产生与清除处于动态平衡状态。但机体衰老时，自由基产生量增加或机体清除自由基能力下降会破坏这一平衡。过量的自由基导致细胞中蛋白质、DNA 和细胞膜脂质分子损伤增加，细胞机能衰退，使脂褐素加速生成并沉着于表皮细胞，即老人斑；若其堆积于脑细胞，则会引起记忆力减退或智力障碍，直至出现老年痴呆症。

研究发现，伴随着衰老，生物体内往往表现出某种或多种 SOD 活性的降低。SOD 具有消除氧自由基的功能，而外源补充或摄入 SOD 可以提高 SOD 活性物质，从而阻抑或延缓细胞或机体的衰老。SOD 作为体内防止自由基损伤的第一道防线，是抵御活性氧伤害最有效、最重要的抗氧化酶。

（四）抗 炎 症

自由基在炎症的发生、发展中有一定的作用。在急性和慢性炎症发生过程中，超氧自由基大量产生，超过了内源性 SOD 防御系统的清除速度，这种失衡直接导致自由基介导的损伤。

慢性关节炎一直是人们关注的重点。科学家们认为自由基诱发关节炎的原因在于其导致了透明质酸的降解，而透明质酸是高黏度关节润滑液的主要成分。过量的自由基可以引起关节滑膜成分和关节滑液成分的降解，刺激机体释放各种炎症因子，破坏骨质胶原蛋白及其他结缔组织，从而导致各种非菌性炎症。

人们一直希望将 SOD 用于炎症性疾病的治疗中，特别是关节炎，此举已在动物实验和临床试验中均取得了良好的效果。

（五）消除化疗后的副作用

接受化疗的癌症患者身体抗氧化能力会大大降低，一旦低到某种程度，自由基就会损害内脏器官和中枢神经等，所以癌症患者应及时补充抗氧化剂以维持体力。日本厚生省的医疗单位向美国癌症中心（NCI）建议使用抗氧化剂来预防癌症或治疗因氧自由基破坏细胞所引起的病变，以降低抗癌药物所引起的呕吐、食欲不振、脱发等毒副作用。

（六）治疗缺血再灌流综合征

缺血再灌流现象见于心脏、小肠、肾脏、肝脏等器官的保护和移植过程，也见于断肢再植、整形美容等外科手术过程。主要表现为缺血组织在一定条件下恢复供血，血液再灌流后，部分动物或患者细胞功能代谢障碍，结构破坏不仅未减轻反而加重了，人们把这种现象称为缺血再灌流综合征。

引发缺血再灌流损伤的机制有很多，其中最主要的是由黄嘌呤氧化酶诱发产生的自由基引起的。因此，有人建议手术前后使用抗氧化剂抑制自由基的水平，防止或减轻其对患者的后续伤害。

SOD 是氧自由基的清除剂，故可有效防治该综合征。美国 Chiron 公司和日本化药公司等已进入 II 期临床试验。

（七）美 容

皮肤是接触氧最多的组织之一，并可直接遭受紫外线、放射线和热等物理因素的侵袭，也会受到各种化学物质、自由基、化妆品等的伤害，其防御功能显得尤为重要。

氧自由基能与多价不饱和脂肪酸作用生成一系列过氧化物，后者又可与蛋白质作用，使蛋白质发生交联聚合，产生不溶性蛋白质。这种变化以结缔组织中的胶原蛋白最为明显，它能导致胶原坚韧，长度缩短，失去膨胀能力，即产生所谓的皱纹。此外，过氧化脂质在氧化酶的作用下还能生成棕褐色色素，沉积于表皮细胞，即色斑。

试验表明，SOD 对皮肤色素的形成与沉积有强烈的抑制作用，日本科学家对女子色斑患者进行的 SOD 应用试验表明，坚持使用 SOD 可在祛除自由基的同时调节内分泌系统，防止皮肤硬化和色斑沉积。

（八）抗 疲 劳

过多的自由基在体内残存，会让人容易疲劳、厌倦、注意力不集中、头脑昏沉等。SOD 及其类似物对上班族熬夜加班及学生应付考试所产生的疲劳方面有很好的消除作用，成效显著。

三、SOD 产业发展现状与前景

（一）国内外发展概况

SOD 开发产品繁多，近年来各种 SOD 制品流行于世界，概括起来有 4 大类。

1. 化妆品 如大宝、霞飞、诗碧 SOD 蜜，主要作用为消炎、防辐射、抗衰老和祛斑等，日本的高级化妆品中均含有 SOD。

2. 营养保健品 如 SOD 饮料、SOD 糕点、SOD 口服液、SOD 口香糖、SOD 牛奶、SOD 保健酒等。

3. 药用产品 如 SOD 针剂、SOD 片剂、SOD 胶囊等，可治疗溃疡病、皮肤病、烧伤、心律不齐、局部缺血等症，也可用作辅助药物和血制片保护剂等。

4. SOD 果品瓜菜 如苹果、大枣、核桃、石榴、葡萄、猕猴桃、桃、梨、杏、脐橙、草莓、西瓜、香瓜、黄瓜、西红柿、茄子、西葫芦等。

化妆品领域的 SOD 应用研究远比食品领域的研究成熟，而且不像药品那样存在严格的安全要求。因此，化妆品目前是 SOD 市场最主要的需求者，其需求量约占全球对 SOD 总需求量的 50% 以上，年需求量约 10 万亿酶活单位；其次是食品行业，约占总需求的 23%，约 4.14 万亿酶活单位。但随着研究的深入，未来药物市场有可能会成为 SOD 最主要的市场。同时，在其他领域如农业领域，SOD 也有一定应用。

（二）SOD 产品的开发现状

试验证明，从植物、微生物中提取的 SOD 应用于果树，一般在喷施 4～6 次后，果实 SOD 活性含量平均可提高到 22 酶活单位 / 克，比对照提高 3 倍左右。从动物中提取的 SOD 应用于果树，一般喷施2～3次后，果实SOD活性含量平均可提高到39酶活单位/克，比对照提高了4～5倍。灵宝市益宝科技有限责任公司与中国农业大学等研究院所合作，在SOD果蔬生产中取得了显著效益并制订了SOD酶企业标准，产品备案标准号为Q/LB0001-2005。该公司于2003年申请注册了SOD商标，并承诺凡是在全国果品优生区果农自愿生产SOD果品，经检测，果品SOD活性量达到标准要求的，都可免费使用SOD商标（需办理许可使用手续）。

目前，SOD果品的产业发展虽然还存在一些困难，但SOD果品作为一种品牌已大面积推广，SOD果品产业的发展势不可挡。

SOD农产品开发品种较多，近年来各种SOD农产品应运而生，主要有以下3种。

1. SOD果品　主要有苹果、葡萄、石榴、桃、梨、杏、大枣、核桃、大樱桃、草莓、猕猴桃、脐橙、枸杞、荔枝等。近年来在河南省灵宝市、陕县、卢氏县、洛宁县发展SOD苹果8 000余亩，SOD葡萄1 000余亩，SOD石榴500余亩，SOD桃、SOD梨、SOD杏、SOD大枣、SOD核桃、SOD大樱桃、SOD草莓1 000余亩。在甘肃省灵台县、静宁县、平凉市、庆阳市，宁夏回族自治区的灵武市、中卫市、银川市，陕西省凤翔县、凤县、延安市、彬县、富县，山西省晋城市、临猗县、运城市、临汾市、吉县、古县。辽宁省大连金州新区、庄河市、葫芦岛市、辽阳市，河北省衡水市、昌黎县，山东省青岛、威海市文登区、沂源县，新疆维吾尔自治区的阿拉尔市、阿克苏市、哈密市，浙江省温州市以及云南省大理等11个省发展SOD苹果、SOD梨、SOD桃、SOD大枣、SOD樱桃、SOD草莓、SOD荔枝、SOD枸杞、SOD猕猴桃、SOD脐橙共5 000余亩。SOD活性量达到30～55单位/克，均达到标准要求。

2. SOD瓜类　主要有西瓜、甜香瓜、哈密瓜等，近年来在河南省灵宝市、陕西省蒲城县、甘肃省平凉市、辽宁省大连市发

展的 SOD 西瓜和 SOD 甜瓜，SOD 活性量都达到 30 单位 / 克以上；在新疆维吾尔自治区的哈密市发展的 SOD 哈密瓜，SOD 活性量达到 35 单位 / 克以上。

3. SOD 蔬菜 主要有黄瓜、西红柿、茄子、西葫芦等，近年来在河南省灵宝市、山西省运城市试验生产的 SOD 黄瓜、SOD 西红柿、SOD 茄子、SOD 西葫芦等十多个大棚，SOD 活性量达 30 单位 / 克以上。

（三）SOD 产业发展前景

SOD 化妆品、营养品、药品发展较早，已产生显著的经济效益和社会效益。SOD 果品瓜菜虽起步较晚，但发展势头迅猛，特别是 SOD 果品发展快、规模大、效益好。SOD 果品的生产不但使果农增强了果园管理意识、提高了管理水平、生产出了精品苹果，而且使果农卖苹果的观念发生了变化，由原来按斤卖变成现在按个卖。消费者现在食用水果讲保健、讲营养，SOD 果品已迅速成为营养水果、时尚水果、礼品水果的佳选。生产 SOD 果品，相较普通果品，可以使果农收入翻一番，每个苹果能卖到 5～12 元，高者可达 50 元甚至 100 元。SOD 瓜类、蔬菜类虽然刚起步，规模小，但发展前景好，市场需求量大。

（四）SOD 活性检测方法

目前通用的 SOD 检测方法主要有两种：一是邻苯三酚自氧化法，二是硝基氮蓝四唑（NBT）法。邻苯三酚法一般用于化妆品、食品及药品中 SOD 活性检测。酚类物质对邻苯三酚自氧化法有干扰反应，因此检测含酚较多的植物材料时数据不稳定，一般采用 NBT 法。检测方法不同，检测结果差异较大。因此，要科学测定某种 SOD 产品中 SOD 活性含量时，统一检测方法非常重要。检测方法不统一，检测结果无可比性。

第二章

SOD 对果品的提质增效作用

　　与其他生物一样，植物在生长发育的过程中也会产生氧自由基。在正常生理条件下，植物代谢过程中产生的氧自由基可以被自身的防氧体系（如 SOD、POD、CAT、V_E、V_C 等）清除，处于动态平衡的状态。但是，一旦植物处于逆境（高温、低温、盐渍、干旱、水涝等）条件下，氧自由基过量生成，累积于细胞中，而保护系统不能及时清除这些自由基时，就会导致植物组织细胞受到伤害，代谢受阻，甚至死亡。

　　结合 SOD 的生理功能，适时给予植物一定量的外源 SOD 进行补充，可以缓解自由基对植物的伤害，维持其正常生长，甚至优化其生长发育条件，获得更高产量和更优质的植物产品。

　　大量研究表明，外源补充一定量的 SOD 制剂，还能提高植物体内的 SOD 活性，生产出具有较高 SOD 含量的植物产品。SOD 提质增效作用可以归纳为以下几方面。

一、平衡、增强果品长势

　　从 SOD 酶学原理来看，在果品生长初期，施用 SOD 制剂可以消除果品中原有的有碍生长发育的自由基，平衡作物长势，保持作物正常的生理机能，从而达到作物良好发育的目标。

二、激活果品基因，促进其发育

根据植物生长发育的基本原理，作物生长过程中，果品细胞内会发生大量的基因开启和关闭活动，它们不断调整着果品的发育进程。外来的 SOD 及其辅助成分会干预甚至激活这些基因，从而使果品中累积更多数量的 SOD。

三、增加果品 SOD 活性

根据植物解剖学的观点，叶片、枝干、茎蔓等部位的输导组织与果实是直接相通的整体系统。因此，果实生长期间，外源喷施或树干输入的 SOD 制剂都可以通过输导系统直接进入果品细胞并储存在其中，转化成果品本身的功能成分。

第三章
SOD 果品生产实操方法

一、SOD 对果树的施用效果

第一，果个均匀。果实大小差异不明显，可提高商品果率。

第二，促进着色。施用 SOD 后，果实着色率明显提高，果面光洁度好。

第三，提高果实糖分及硬度。果实含糖量提高 0.5%～1%，果实硬度提高 10%～20%，口感甜脆。

第四，提高果实产量。施用 SOD 后可使水果增产 10%～15%。

第五，果树抗病力增强。施用 SOD 后，苹果腐烂病、霉心病等病害症状减轻，蚜虫危害减轻，叶绿素含量提高，叶色浓绿。果树抗冻力增强，冻害减轻。

二、SOD 施用方法

（一）园片选择

选择生态条件好，绿色或有机的精品生态园，要求果树树势健壮、病虫害轻、综合管理好的高效生产园，并且要求有一定的规模。

（二）产品选择

根据河北省灵宝县等地近几年的试验发现，每亩苹果园每年施用 200 克 700 酶活单位/克的 SOD，就可达到 SOD 果品酶活标准需求。

（三）施用方法

1. 喷雾法　最常用的是叶面喷布法，用喷雾器械单喷于果树的叶片、枝干和果实上。

2. 树干输液法　输液要用特制的针头。在树干的中下部找 2～3 个方向用细钻均匀打孔，深度为 1～1.5 厘米，拔出钻头，插进针头，挂好滴管和滴袋，滴入 500 毫升 SOD 液，滴 1 次即可。

（四）施用浓度及次数

1. 1 年成熟 1 次的果实　如苹果、梨、桃、杏、红枣、核桃、李、葡萄、脐橙、枸杞等。SOD 施用浓度为 2 500～3 000 倍（根据喷雾器械和用水量灵活掌握）。每年施用 2 次，分别在花后 15 天左右和摘袋前 1 个月左右喷施。

2. 1 年成熟 2 次及多次的果实　如草莓等。SOD 施用浓度为 2 500～3 000 倍（根据喷雾器械和用水量灵活掌握），每采收 1 次喷 1 次，在每次坐果后喷施较适宜。

3. 喷布时间及注意事项　喷施时最好是单喷，不能和碱性农药混用，可与叶面肥混用。施用时间最好在下午 4 时以后，更利于 SOD 的吸收。喷布时要混匀酶液，将其均匀喷布于叶片和枝干上，尽量避免在中午强光时喷布，否则不利于 SOD 的吸收。喷后 4 小时内遇雨须重喷。

第四章

SOD 苹果生产配套技术

一、苹果树松塔形整形要点

（一）松塔形树形特点

苹果树松塔形是在纺锤形的基础上吸收优良主干形和圆柱形的优点，经多年试验不断完善改进形成的一种无支柱，适于乔、矮砧的苹果新树形。它是一种随着树龄的变化而有所改变的树形。树高 3～3.8 米，主干高 0.8～1 米，全树有侧枝 18 个左右，侧枝呈单轴延伸状，直接着生结果枝组，基角保持 95°～110°，枝展长度为行距的 30% 和株距的 40%。侧枝下垂状着生，同侧间距为 25～30 厘米，全树上小下大，呈螺旋状依次向上排列，理想的干枝比为 1∶0.2～0.3（严格控制枝干比）。栽后 8～10 年，树高超过 3.5 米者，应落头到 3 米左右，并控制上部侧生枝的长度和体积，仍保持"上尖"树形。在密植条件下，单株枝量留 600～1 200 条，留花芽 150～200 个，单株平均结果 100～200 个，亩结果 9 000～15 000 个，最高亩产可达 5 000 千克，一般保持在 3 000 千克，优质果率可达 80% 以上（图 4-1）。

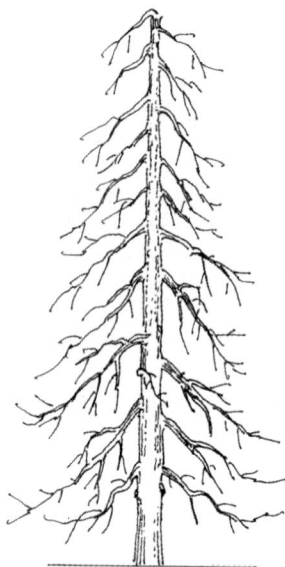

图 4-1　松塔形树冠

（二）松塔形果树优势

1. 中干强直，挺拔健壮　在强直的中央领导干上，严格控制同龄枝、粗大强旺枝，使中央领导干同侧生枝之比达 1:0.2～0.3。树体中央主干生长强壮，侧枝与中干层次分明，且单轴延伸。

2. 枝组丰满，角度低垂　该树形前期枝组多达 30 个以上，后调整到 18 个左右，枝组保持多而不密、匀而不稀、小而不衰、壮而不旺。松塔形树侧枝角度为 95°～110°，角度低垂。栽后 5 年保留大量侧生分枝，侧生枝数可在后期逐渐调整，为了达到优质果品的目的，枝组数宜调整为 18～22 个。栽后 1～5 年，严格拉枝、转枝（一推、二摇、三转、四定法），将竞争枝拉到 120°～130°，一般枝拉到 100°～110°，这样可减少背上徒长枝的发生，让更多营养流向果实。

3. 通风透光，便于管理　树冠小、顶尖削，行株间留有相

当空隙，阳光可直射到树冠内膛，减少了内膛的寄生区和寄生叶，枝枝见果，果果见光，着色鲜艳，果品优良。

4. 易于管理，提高功效 成龄园行间留有1.5米以上作业道，株间留有0.4米空间，便于各项田间操作。与传统管理基本相同，但品质提高，效益翻番。

5. 树势健壮，产量稳定 枝组角度加大到95°以上，对于旺枝，要结合多道环割、芽后刻芽等技术，使其营养生长与生殖生长处于平衡状态，背上不冒条，营养消耗少，中短枝多，成花率高，年年丰产，有效地解决了"大小年"的问题。

（三）松塔形整形关键技术

1. 冬季修剪

（1）**修剪前准备工作** ①准备好锋利的剪锯，一方面可提高劳动效率，另一方面可保持剪截口平滑。②准备好消毒液，如高锰酸钾、高浓度酒精和浓碱水。③涂抹伤口保护剂，直径0.5厘米以上的伤口，均应涂保护剂，如人造树皮、愈合剂等。

（2）**定干、抹芽** 健壮苗苗高1.2～1.5米的，定干高度为1米；苗高1～1.2米的，定干80厘米左右。剪口下20厘米内为整形带，整形带内逢芽必刻，促发分枝；在苗干上距地面50厘米以内的一段，要随时抹去萌芽，以利苗木上部有用枝梢的发育。

（3）**第一年冬** 定干当年，剪口下可抽生5～10个枝条，最上部有3～4个强枝。剪法有两种：一是选其中长势、位置好的一枝为中央领导干延长头，长放不截，疏除其下两个竞争枝，保留下部的中、短枝不动，这样有利于保持中央领导干的优势；二是在选好中央领导干延长头后，将其下的中、长枝全部疏除，有的品种如华红等须留短橛，以利发枝，幼树剪成"一根棍"。若有弯头情况出现，则应立支柱，将其缚直。这种剪法可保持中央领导干的绝对优势，加大干枝比。

（4）**第二年春夏** 注意抹除树干上的全部萌芽，并对中上部的萌芽进行管理。抹去双芽，即留1（芽）抹1（芽）、太近芽、重叠芽和竞争枝（芽）。9月份将长枝拉到95°～110°。冬剪时要留好延长枝，疏除竞争枝、直立枝和过旺枝，保持中央领导干的绝对优势，各相邻侧生枝之间间隔5～10厘米，呈螺旋状依次向上排列，各侧生枝不打头。

（5）**第三年及以后** 每年去除竞争枝、近中央领导干20厘米处的背上直立枝、内向枝、徒长枝、过旺直立枝、交叉枝等。在空档处，将背上过长直立枝用拉枝法（坠枝）将其坠下，枝头朝地。第五年果树枝量大增，开始进入正常结果阶段。

（6）**成龄树修剪要点**

①5～6年生树 树干提高到80～90厘米，疏、缩过长和过大侧生分枝，全树保留20～25个侧生分枝，保持上小下大的松塔形轮廓。

②8～10年生树 树干提高到80～100厘米，树高控制在3～3.5米，适时落头或提前做好落头准备，侧生分枝保留10～15个。

③行间郁闭园 行间冠距不足1米者，应严格控制伸向行间的大枝，大枝过长时多用疏除法清理。修剪后树行形成树墙，其厚度维持在1.5米左右。

④单株郁闭树 单株侧生分枝量超过20个以上且较粗大，树冠郁闭不堪时，可采用以下方法处理：一是控制下位枝，提干到1～1.2米；二是侧生枝量从20～22个降到16～18个；三是控制过长、过大、过粗的侧生分枝；四是控制重叠枝、上部大枝和交叉枝等；五是调整枝组间距，大枝组间距60厘米、中枝组间距40厘米、小枝组间距20厘米；六是除个别牵制枝需保留做预备枝外，其余直立强枝应全部疏除。

（7）**成龄树整形改造** 对成龄树改造要掌握抑强扶弱和枝组更新两个关键点，具体技术如下。

①提高树干　为便于地下管理和减轻果锈病，疏除树干上距地面 70～90 厘米的枝，但每次去大枝不得超过 4 个，大枝多的树要分年疏除。在小年结果树上，有花大枝可等待翌年疏除，以补果树小年产量。

②开张角度　疏除多余大枝后，对长度适宜的大枝进行控枝，保持 100°～110°。

③缩小冠径　枝展长度应不超过行距的 30% 和株距的 40%，最长不超过 1.5 米，超过部分要适当回缩。对枝干比接近 1∶4 的适当疏缩，对 6 年生以上的衰老枝进行更新。当枝干比达到 1∶4 时为预备更新期，超过 1∶4 时为更新期。更新方法是在下垂衰老枝后部良好分枝处回缩或留 5 厘米重缩，使其基部萌发新枝，减少中干上的伤口。

④刻芽促萌　对于中干缺枝部位和主干光秃带部分进行刻芽抽枝。中干刻芽在 3 月份前进行，芽上刻伤，芽距保持 10 厘米左右。强单枝可在 3 月上旬前结束刻芽，水平枝在两侧芽及背下芽的芽前刻，背上芽在芽后 0.5 厘米处浅刻，虚弱枝不刻芽，只在背上芽芽后 0.5 厘米处分段环割，以控旺促花。

（8）生长季修剪

①第一年修剪　春季发芽前在定干剪口下 20 厘米枝段上逢芽必刻，促发新枝，生长季将距地面 90 厘米以下的萌芽全部抹去。当新梢长到 60 厘米时拿枝开角，秋季对长于 100 厘米的枝进行拉枝。

②第二年修剪　春季果树发芽前对中干刻芽，各芽间隔 5～10 厘米，螺旋向上；上一年秋季拉平的枝，于基部留 5 厘米不刻，余者进行两侧芽前刻，背下芽在芽前深刻、背上芽在芽后浅刻；对于够长度的弱单枝采取分道环割法，间隔 15～20 厘米。5 月份刻芽枝背上新梢长到 15 厘米时进行低位扭梢，对于两侧新梢空间大的可采取摘心取叶法，梢长在 15 厘米以下的摘 3 片叶，20 厘米以上的摘 5 片叶，以促发新枝。

③拿枝软化　中干上的新梢长到 60 厘米时对其拿枝软化。

④环割（剥）　80% 以上的新梢长到 16～20 厘米时，在母枝基部 10 厘米处进行环割。对 1～2 年生枝，已有分枝的，在强弱交界处进行分道环剥，时间分别在 3 月下旬、6 月中旬和 8 月中旬，即在其每次生长前进行，此法有利于控长促花。对于直径大于 2 厘米的旺枝，在基部环剥，剥口宽度为枝粗的 1/10，主干和中干上严禁环剥。

⑤及早除萌　一是对壮枝及时除萌，对旺枝和虚旺枝则不除萌，以牵制枝的前端生长；二是将剪锯口下、环剥口和枝条基部 15 厘米以内的萌芽全部去除，以减少营养消耗。

⑥扭梢　当枝组上、背上新梢长度达 15～20 厘米时，在其基部 5 厘米以下位置扭梢，促其成花。

⑦秋季拉枝　立秋至秋分期间，对中干上当年够长度的新梢和其他上翘的结果枝组进行拉枝开角，缓势抑长。

⑧剪秋梢　9 月底至 10 月初，对枝组前端未停长的秋梢及中干上的秋梢进行疏剪。

⑨疏大枝　果实采后，及时疏除多余（冬剪要除去的）大枝，有利于改善光照，促进伤口愈合。

（9）更新复壮修剪

①枝组更新指标　当枝干比达到 1∶4 时为预备更新期。一般枝龄在 6 年生左右，小枝组占 90%。

②更新方法　一是培养预备枝组。早春在预备更新枝的基部背上刻伤或在中干部位刻芽，促发新枝，秋季将枝拉平缓放，培养新枝组。二是于 6～8 月份对旺梢进行多道环割，将其控制成中庸长枝，为培养长轴型枝组奠定基础。三是对长势强壮的长枝采取拉、刻、割的修剪方法，缓势增枝。四是结果枝龄超过 6 年的要及时更新。五是重点培养中庸健壮长枝，该方法是生产优质果的关键。当枝组拉下垂后，在基部隐芽部位进行刻芽或环剥，以抽生旺枝，通过拿枝软化或拉平，即可形成预备枝，几年后可

取代母枝。六是为保持树强、枝壮、果个硕大，除综合管理外，最重要的是严格控制花、果留量，适时疏花、疏果。

二、生草、覆草和覆膜

果园土壤管理制度直接影响果树生长与结果。随着果园管理水平的提高，应废止清耕制，提倡树盘覆草制和行间生草制。

（一）果园生草

生草是国际上果园土壤管理的主要形式，它有利于改善果园土壤、水、肥、气、热、微生物等五大因素状况，可为果园生态平衡创造良好条件。

1. 生草时间　春季至秋季均可播种。

2. 生草方式　有人工生草和自然生草两种。人工生草需要选播某种草的种子，并加强草的管理；自然生草，即果园有什么草就长什么草，经过一年多次刈割，留下的只有不怕割的多年生杂草。生草有行间生草（行间通道1.5米以上）和全园生草两种方式。

3. 生草种类　人工种草时可选播黑麦草、紫羊狐茅草、高羊狐茅草、红三叶草、白三叶草等。

4. 生草管理　在生草初期，细致拔除田间杂草。当草高达到20～30厘米时，将草割到8厘米左右，可用专用割草机割或人工镰割。在雨季或灌水前，应给草层追施尿素等氮肥，以促进草层生长并缓解草与树争肥的矛盾。一般生草6～7年后进行1次果园翻耕，以避免地面过于板结。

（二）树盘覆草

1. 覆草时间　树盘覆草时间在地温升高即5月份以后。

2. 覆草前准备　树盘覆草前最好先灌足水或在雨后覆草，

以利保墒。覆盖物用作物秸秆、杂草等均可。

3. 覆草厚度与范围　树盘覆草厚度在20厘米左右，若全园覆草，每亩用草为1 250～1 500千克。树盘覆草时，要求在离树干50厘米以外覆草，以避免田鼠啃食树皮。

4. 覆草后管理　一是在草层上零星压些土，避免风吹和失火。二是在秋季施肥时，不要将草翻压到施肥坑中，只将草扒开，待秋施基肥后再将草复原。三是草层每年会因底层腐烂减少厚度，所以每年每亩果园需补充400千克草。

（三）树盘覆膜

多在初果期以前进行，按树盘大小，将地膜铺满，压住膜边缘。雨季来临前可以揭去地膜。

三、病虫害生物防治

为了减少果园污染，应加强病虫害综合防治，尽可能采用农业防治、人工防治和生物防治，少用化学防治。现提倡生物防治病虫害，特别是害虫，每种害虫都有许多天敌，应提倡果园放养天敌来杀灭大部分害虫。

第一，果园生草条件下，增加草青蛉、捕食螨等，用天敌防治红蜘蛛。

第二，防治害螨时，选用保护天敌的四螨嗪等保护性杀螨剂。

第三，用性诱剂诱杀桃小食心虫雄蛾。

第四，用松毛虫赤眼蜂防治苹果小卷叶蛾等。

第五，用灭幼脲等药剂防治金纹细蛾和桃小食心虫，可保护天敌。

第六，搜集有金纹细蛾天敌的叶片，放入笼中饲养，翌年春放入果园，可减少金纹细蛾等基数。

第七，按预防指标喷药，若在7月中旬前，每片叶平均有

活动螨 4～5 头，卷叶虫梢率达 3%，桃小卵果率达 1%～1.5%，斑点落叶病的病叶率达到 10% 时，开始喷药；喷药应选在关键时期，如花后 10 天、套袋前等。

四、配方施肥

（一）概　念

配方施肥是现代农业生产的主要标志之一，随着农业科技的进步，配方施肥已从最初的元素种类配合，发展到元素种类、数量、比例与施肥时期、方法的配合。配方施肥对于实现苹果丰产、稳产、优质等目标具有十分重要的作用。

所谓配方施肥就是综合运用现代农业科技成果，根据苹果的的需肥特点、土壤的供肥能力及肥料的性质、功能，并在能够培肥地力的前提下，提出较为合理的施肥方案，包括肥料的种类、数量、比例，以及施肥的方法、次数、时间等。

与传统施肥相比，配方施肥充分考虑了土壤和果树这两大因素。既保证了土壤肥力水平的提高，又保证了目标产量和质量的实现。克服了盲目施肥对果树和土壤造成的不良影响，符合果业可持续发展的要求，也是平衡施肥制度的重大技术改革。

（二）传统施肥引起的果园土壤现状变化

1. 土壤酸化的危害　苹果生长发育适宜的土壤 pH 值为 5.5～6.8，当 pH 值低于 5.5 时表示土壤已酸化。

（1）土壤酸化的主要危害　①土壤中可吸收钙减少，苹果根系对钙等营养元素吸收困难；②土壤中微生物活动减弱，氮的固定、有机氮的有机化、氮的消化受到抑制，土壤中有效氮含量较低；③氮、磷、钾、镁、硫、硼、钼、硅等营养元素的有效成分降低，难以满足苹果正常生长发育对养分的需求；④土壤产生较

多的游离态铝离子和锰离子，铝离子对苹果树有毒害作用，有效锰过多时会引起锰毒症，使苹果树发生粗皮病。

（2）土壤酸化的主要原因　①收获的果实从土壤中带走了碱基元素（钙离子、镁离子等），使土壤向酸化方向发展；②施肥尤其是大量施用氮肥或生理酸性肥料，加速了土壤酸化速度；③大量浇水或降雨量过大、过频，会使钾、钙、镁等碱性营养元素淋失，也会使土壤酸性增强等。

2. 土壤盐渍化的危害　为了追求高产而向果园内大量施入化学肥料，导致土壤中无机盐类的含量过高，使土壤溶液的渗透压过高，从而影响根系对养分、水分的吸收。

3. 土壤有机质缺乏和污染　丰产、稳产、优质果园的土壤有机质含量应在 2% 以上，有机质含量高是优质果园的标志之一。据调查测定，一般果园土壤有机质在 0.8% 左右，尚不到 1%。土壤有机质缺乏是苹果高产、稳产、优质的主要限制因素，必须引起我们的高度重视。需要指出的是，近几年果农对苹果园施有机肥有了新认识，但向果园内施新鲜的鸡粪、猪粪等又造成了土壤污染问题的发生。因为新鲜的动物粪便在腐熟过程中会产生大量的有机酸、甲烷、硫化氢等有害物质，这必然会对果树根系造成毒害。

4. 土壤中营养元素的不协调　土壤中营养元素的不协调是导致苹果生理病害发生的主要原因。

（1）氮、磷、钾三要素不协调　生产 100 千克的鲜果，需从土壤中吸收纯氮 1～1.1 千克、纯磷 0.6～0.8 千克、纯钾 0.8～1 千克，而给果园施肥时，大多数果农都未按此量施入，从而造成三要素的不协调。

（2）中微量元素不协调　有 80% 的果农很少施入中微量元素，这就很难满足苹果树按一定的比例从土壤中吸收营养元素的需要。

（3）氮、磷、钾与中微量元素不协调　由于片面注重氮、

磷、钾的使用，而忽视了中微量元素的使用，一方面表现为大量元素和微量元素在数量比例上不协调；另一方面大量元素与中微量元素之间发生拮抗作用，严重影响了中微量元素的吸收，果树因而易得缺素症。

（三）配方施肥技术

1. 施肥原则　有机肥、无机肥和微生物肥结合施用，以控氮、稳磷、增钾、补钙，加微生物有机肥为原则，基肥与追肥相结合；重施基肥，追肥与叶面肥相结合；基肥施用量要占全年施肥总量的70%以上，追肥占总量的30%左右，可分2～3次追肥。可在果树生长期根据叶色和长势变化补充喷施叶面肥，缺什么养分就补什么养分，施肥要与灌水相结合。

2. 施肥要求　在土壤有机质含量低（不足1%）、负载量又高的果园，一般要保证每生产100千克苹果施200千克优质有机肥，同时配合施用少量化肥。目前，在有机肥普遍用量不足、肥源也少的情况下，可选用有机质含量不低于30%的有机复合肥和生物菌肥等配合使用，使土壤中不易分解的营养元素如磷、钾和有机物分解，提高土壤养分和有机质，减少化肥用量。

（四）施肥时间和用量

1. 基肥　基肥是果园施肥的主要方式，一般于9月份至12月底施入，在此阶段内越早施越好。因为此时温度适宜，土壤墒情好，根系生长旺，有利于肥料的吸收和利用。基肥施用有机肥越多越好，保证生产100千克苹果施200千克优质有机肥，同时可配合施用少量化肥。幼树每亩施优质有机肥1 500～2 000千克、尿素15～20千克，成龄树每亩施优质有机肥4 000～5 000千克、尿素50千克。

基肥的施用：幼树宜采用"环状沟施肥法"结合扩盘进行，

沟宽 40～60 厘米、沟深 40～50 厘米，逐年向外扩展。成龄树可采用放射沟状施肥或条沟状施肥法，沟宽 30～40 厘米、沟深 40～50 厘米。生草园在清耕带内撒施，如生草品种为豆科牧草（白三叶草），应少施或不施氮肥，适当补施磷、钾肥。

2. 追肥　追肥次数以 2～3 次为宜，追施时间：一是萌芽期（土壤解冻后），二是花芽分化前期，三是果实膨大期（早熟品种为 6 月下旬，中熟品种为 7 月中下旬，晚熟品种为 8 月中下旬）。

（1）**萌芽期追肥**　可促进果树萌芽、开花，提高坐果率和促进新梢生长。这次追肥以氮、磷为主，选磷酸二铵最佳，采用穴施法。在萌芽前幼树每亩追施尿素 10～15 千克、磷酸二铵 15～20 千克；初结果树尿素 20～25 千克、磷酸二铵 20～25 千克、硫酸钾 10～20 千克；盛果期结果树尿素 25～30 千克、磷酸二铵 30～40 千克、硫酸钾 20～25 千克。

（2）**花芽分化前追肥**　以磷、钾为主，幼树每亩追施磷酸二铵 50～80 千克、硫酸钾 20～30 千克，这次追肥不要加尿素，可施硅钙镁钾肥和生物菜肥。

（3）**果实膨大期追肥**　此时追肥能增加产量和果实含糖量，促进着色，提高硬度，是很重要的一次追肥，可选用穴施或"井"字沟浅施。肥料以追施速效硫酸钾肥为主，或含钾量较高的微生物有机复合肥。初结果树每亩追施量为 35～50 千克，盛结果树为 60～100 千克。

3. 叶面喷施　叶面喷施也叫根外追肥，主要是补充微量元素，如钙、锌、硼、铁等，叶面肥的选用要以果树生长表现而定，缺什么补什么。有机植物营养液在各生育阶段均可喷施，效果特别好。

（五）施肥注意事项

施基肥可采取沟施或穴施的方法，避免伤及茎粗 1 厘米以上

的大根，施肥后及时覆土，注意保墒。有机肥必须经过堆沤，沼渣应充分腐熟后施用。肥料必须均匀施入土内，不管用哪种形式开沟，都应距离主干 50～60 厘米，避免肥料烧根和伤大根。叶面喷施应在阴天或多云天气进行，也可在晴天上午 10 时前或下午 4 时后喷施。叶肥稀释浓度以产品说明为准，要充分搅拌，均匀喷洒。有条件的地方，应进行土壤及叶片营养诊断，推广平衡施肥技术。

五、节水灌溉

（一）灌溉时期与灌水量

1. 灌水时期的确定　苹果树的具体灌溉时期是由两个因素决定的：一是苹果生长发育中需水的关键时期；二是天气干旱、土壤含水量较低，不利于苹果生长发育的时期。

苹果生长发育中的需水时期：萌芽开花期、新梢旺长期（需水临界期）、果实膨大期、采果后的秋季生长时期。

土壤相对含水量保持在 60%～80% 时有益于果树根系对水分和营养的吸收。若含水量低于 60%，特别是恰逢果树生长发育的关键需水期，则应该及时灌水。若土壤相对含水量低于 40% 则为轻度干旱，低于 20% 则为严重干旱。在苹果树栽培过程中，要避免干旱现象发生。

花后 16 天内是受精合子的胚细胞急剧分裂期，不能缺水。花后 40 天内不能干旱，土壤相对含水量应保持在 60%～80%。花芽分化期土壤要相对干旱些（但不是达到萎蔫系数），以提高细胞液浓度，促进成花。果实膨大期要充分供水，若新红星在此期遇干旱，则果个小、果实矮扁。采前 1 个月内土壤相对含水量应稳定在 60% 左右。

2. 灌水量　应根据土壤水分状况、土壤性质，以及果树大

小、栽植密度和发育期需水特点等综合确定灌水量。其计算公式：

$$灌水量（吨）＝灌水面积×土壤浸湿深度（米）×土壤容重×$$
$$［要求达到的土壤含水量（\%）－原土壤含水量（\%）］$$

（二）节水灌溉方式

漫灌成年果园时，每亩需水30～60吨。采用节水灌溉技术，可节省用水 1/2～2/3。漫灌节水的方式有沟灌、滴灌、移动灌溉和穴施水肥等。

1. 沟灌　沿树冠外侧开沟，并在株间连通。沟深20厘米、宽30厘米，沟中挖出的土可堆在沟边起垄。沟灌水流不宜太快，以保证水分充足的渗入时间。

2. 滴灌　利用管道将加压的水一滴滴均匀缓慢地渗入果树根部附近的土壤，使根际土壤保持在适宜水分含量的一种先进节水技术。

3. 移动式灌溉系统　固定式喷灌设备因投资多而应用较少。移动式喷灌在坡地等不平整土地果园内使用时，具有省水、省工等优点。目前，一些简易移动式滴灌系统已广泛应用。在密植平地果园发展软管移动式微喷系统很有前景。移动式喷灌系统一般由水源、水泵、干管、支管、竖管和喷头组成。

六、植物生长调节剂的应用

（一）新型果树促控剂——PBO

1. 作用与效果

（1）促进激素平衡　PBO能调节花器官、子房及果实中各种激素的比例及平衡，激活成花基因，孕育优异花芽，促进受精过程，提高坐果率。

（2）**促进果实优质、增产**　PBO能诱导光合产物向果实内集中，从而促进果个增大、糖分增加、着色艳丽、稳产、高效。该产品已获国家发明专利（CN1358439A）。

2. **基本成分**　PBO是集细胞分裂素、生长素衍生物、生长抑制剂、增色剂、延缓剂、早熟剂、抗旱保水剂、防冻剂、防裂素、光洁剂、杀菜剂等十几种营养素组成的综合果树促控剂。

3. **主要功能**

（1）**取代环剥**　6月上旬，在苹果旺树上喷布200倍液PBO就可以取代环剥，促花效果显著。若新梢继续旺长，则可在基部加一道环割。中庸树用250倍液PBO，弱树用400倍液PBO都有令人满意的促花效果。如陕西省三原县郭战虎1.75亩盛果期红富士树，从不环剥，只靠施用PBO，1年施2～3次，成花够用，年年丰产丰收，树势健壮，没有腐烂病，成为应用PBO的典型果园，其经验值得总结推广。

（2）**提高坐果率**　据陕西省洛川县果树研究所报道，花蕾分离期喷100倍液PBO，花后1个月喷200倍液PBO，花朵坐果率分别比环割果树增长40%～50%。

（3）**促进成花**　据有关试验，苹果花后1个月和花后2个月分别喷布250～300倍液PBO，花芽形成量相较环剥果树高12.75%和32%。

（4）**增大果个**　施用PBO后，果实膨大快。单果重明显增加，红富士苹果增重45%～59%、嘎拉苹果增重约25%、北海道9号苹果增重约12.5%。据山东省沂源县果树技术服务中心试验，5月20日和7月15日各喷1次250倍液PBO，红富士苹果平均单果重为328克，而对照区为242克，增重36.5%。

（5）**提高品质**

①全红果率　据杨成法试验，5月20日和7月15日各喷1次250倍液PBO，红富士全红果率为82%；对照喷清水，全红果率为56%。另据白金梁试验，6月5日和8月5日各喷布1次

250倍液PBO，对照区喷清水，全红果率为处理区达95%，对照区只有35%，提高了60%，差异十分显著。

②可溶性固形物含量　据山东省沂南县林业局孟庆刚报道，5～8年生红富士苹果树于4月15日、5月15日和7月20日各喷1次250倍液PBO，果实可溶性固形物含量高达17.3%，而对照（清水）只有11.4%。

③果实硬度　应用PBO的果园，果实内含物多，果肉硬度大。据杨成法试验，5月20日和7月15日各喷1次250倍液PBO处理，果实硬度为8.2千克/厘米^2，对照为7.8千克/厘米^2。

4. 减轻苦痘病　据山东省招远市阜山镇果业站宁安中等报道，苹果中钙离子浓度低于110毫克/千克便出现苦痘病。当地所有苹果园都有缺钙现象，全山东省苹果因缺钙造成的损失高达300亿元。解决办法：1年喷1～4次200倍液PBO，控制新梢旺长。旺树可于落花后1周、5月中旬、麦收前、秋梢抽生时期喷，喷后基本上无苦痘病发生。

5. 提高短枝率　据杨成法试验，随着PBO使用浓度的增加，新梢明显缩短，短枝率明显提高。例如，对照（清水）新梢总长（春梢＋秋梢）为65.3厘米，喷350倍液PBO的为61.4厘米，喷250倍液的为39.1厘米，喷150倍液的为32.8厘米。随着新梢缩短，短枝率显著增加。对照短枝率为40.7%，喷350倍液PBO的为61.4%，喷250倍液的为70.3%，喷150倍液的为78.6%，有利于苹果树向正常结果树转化。

6. 减轻霜冻　2002年4月24日，山东省烟台地区温度骤降，最低温达-4℃；2004年4月25日温度降到-3.8℃～3.9℃；2005年苹果萌芽后，4月14日温度降到-4.2℃，花果受冻，有的果园几乎绝产。但烟台地区蓬莱市村里集镇隋明州的苹果园却躲过霜冻袭击，连续5年丰产。其原因就是隋明州连年喷布PBO，时间分别在花后30天、花后50天和花后80天，浓度皆为250倍液。其红富士苹果5年亩产分别为：2001年6100千克，

2002年（霜冻）5100千克，2003年6500千克，2004年5200千克（霜冻），2005年6500千克；而对照园（未用PBO）相应产量分别为5010千克、300千克、6110千克、300千克和6010千克。

7. **稳产、高产** PBO促进苹果稳产、高产的实例很多。其中，江苏省丰县宋楼镇宋庄村张荣山在10年生红富士树上连续5年于花前7天、5月中旬和7月底各喷1次250倍液PBO，亩产均在5000千克左右；而相邻果园未用PBO，亩产只有1500～2000千克。陕西省三原县的郭战虎在1.75亩红富士园连续5年喷布PBO，枝干不环剥，亩产均在5500～6000千克，果大质佳，一级果率95%以上；而相邻果园果实产量在1500～2000千克，商品果率只有50%，而且5年中出现了3个小年。

8. **抗逆性强**

（1）**抗旱** 2001年陕西省大荔县遭受百年不遇的干旱，喷布PBO的苹果园单果重达330克，未用PBO的苹果单果重最重只有80克。

（2）**耐高温** 2000年7～8月份山东果区持续高温，苹果树用PBO处理的，相较对照，单果重增加45.89%，糖度增加3.5°～4°，着色率增加30%～40%。

（3）**降低烂果率** 据山东省沂源县果树中心试验，苹果树应用PBO后，烂果率由6.8%减少到1%。

（4）**耐阴雨** 2001年7月中旬至8月上旬，山东省烟台市遭受阴雨（15天大雨），未用PBO的苹果园，无袋苹果烂果率达30%～40%，套袋苹果烂果率达12.5%；而施用PBO的果园，烂果率明显减轻，分别为0.3%和0.26%。

9. **经济效益好**

（1）**节省用工** 使用PBO后，树势缓和，成花够用，不需要环剥和扭梢，每亩可以省4～5个工人，按每天每个工人100元计，每亩可节省成本400～500元。

（2）**产量产值倍增** 据白金梁试验，PBO 处理区苹果每千克售价为 3.5 元，对照区仅为 2.2 元。亩产值：处理区为 1 908.2～2 126.3 元，对照区仅为 211.2 元：增效 8～9 倍。据孟庆刚试验，PBO 区产值 5 120 元，对照区为 2 236.4 元：增效 2～3 倍。

产投比高：据山东省沂南县林业局试验，PBO 使用的产投比为 40∶1（5 年生树）至 70∶1（8 年生树）。计算可知，上述隋明州园产投比为 66∶1。

10. 使用方法

（1）**喷布时期** ①花前 7～10 天喷 PBO 倍液，可提高抗晚霜能力和坐果率。②5 月下旬（花后 1 个月）至 6 月上旬喷 PBO 倍液，可促进花芽形成。③7 月下旬至 8 月上旬喷 PBO 倍液，可抑制秋梢旺长、增大果个、增加糖度、早着色、早成熟。

（2）**喷布浓度** 花前 7～10 天喷布 PBO 浓度为 200～250 倍液；5 月上旬，旺树喷 200 倍液 PBO，中庸树为 300 倍液，可取代环剥。若效果不明显，则辅以环割一圈。7 月下旬至 8 月上旬喷布 PBO，浓度同前。

11. 注意事项

第一，必须在正常管理的健壮树上应用，效果明显；在弱势树上应喷低浓度（400 倍液）PBO。

第二，苹果树环剥后，不宜施用 PBO；在中庸树上喷布 PBO 可取代环剥；在旺树上使用 PBO 时，要对旺枝基部辅以一道环割，以保证成花够用。

第三，土施 PBO 的残效期为 1 年，土施应隔年进行。

第四，PBO 不宜与碱性农药（波尔多液、石硫合剂）混用。

（二）高桩素类

高桩素类药剂最早是出现在美国（现在中国注册为保美灵），近年有果型剂、高桩素、苯基脲（BN-2）、蛇果灵、宝丰灵、果美丰等，这些产品内都含有细胞分裂素和赤霉素 4+7，能促进

幼果细胞的早期分裂，增加果肉细胞数量，有利于苹果长成高桩果形。若果实膨大期水肥条件好，则不但能提高果形指数，而且还能使单果重增加 5%～15%（元帅系苹果萼端五棱突起明显）。一般来说，当果形指数小于 0.8 时，果形偏扁；果形指数等于 0.8 时，果实呈圆形；果形指数大于或等于 0.9 时，果形显得高桩、漂亮。据笔者试验，新红星苹果树花期喷保美灵，果形指数在 1 以上的高桩果率达 32%～61%，对照（清水）仅为 5%。据范俊仁、刘凤之等试验，高桩素、保美灵对新红星、红富士两品种果形均有明显改善效果，但药剂之间差异不明显。2014 年，甘肃省天水地区花牛苹果面积已达 12.73 万公顷以上，花期应用高桩素类生长调节剂已成为重要生产环节，并形成了良好的生产习惯。

1. 使用时期

（1）**第一次喷布**　以苹果中心花开放、边花大蕾期到开始落瓣期喷布较好。

（2）**第二次喷布**　第一次喷布 10 天左右后再喷第二次，效果较好。

2. 使用浓度

第一，在加柔水通（水质优化黏着剂）的条件下，宝丰灵、保美灵用 350 倍液，果形剂、果形宝、秦力生、多收液均用 400 倍液，高桩素用 500～800 倍液，膨果高招用 800 倍液。

第二，红富士系列品种用保美灵 500 倍液，新红星系列品种用 800～1 200 倍液。

3. 喷药质量　喷液呈雾状，最好用弥雾机喷布，主要喷于花托和花序周围的叶子上，药液以滴水状为度。

4. 喷药时间与条件

（1）**天气条件**　选无风、微风和湿度较高的天气，气温以 25℃左右为宜。

（2）**具体时间**　一般以每天上午 8 时以前、下午 5 时以后或

夜间喷布，以利于药液吸收。若喷后24小时内遇降雨，则应补喷1次。

（3）园、株选择　要选择树体健壮、花量适中，果园土肥水条件好，各项管理到位的果园。在花期至果实膨大期有适宜的空气湿度和土壤湿度时施用。否则，果实虽然在幼果期初期显高桩细长，元帅系苹果五棱也突起，但到成熟期时果实会趋向"肥矮形"，元帅系苹果五棱也不会明显。

（4）配药、药械

①配药　PBO要单喷，不能与其他农药混用。配好的药要求在24小时内喷完，药液中最好添加"吐温20或6501"等非离子中性保湿剂或展着剂（有机硅），以提高药效。

②药械　可选用雾化效果好的弥雾机或机动喷雾器，忌用喷枪。若用袖珍手持喷雾器，则要求在花朵两边打匀，否则幼果易畸形。喷完全树后，须将多余的药液抖掉，以免果形偏斜。

5. 高桩素施用不当时出现的问题与解决方法

（1）萼筒大张的"细腰果"　果园里，打完果形剂后，常遇到果形拉长，但萼筒大张嘴或呈细腰果的现象，商品果性状不好会影响销售，其原因是喷施浓度过大所致。因此，要按浓度规定用药。

（2）喷施果形剂后效果不明显　一是树势太弱或留果太多所致；二是秋施基肥太晚或春施所致；三是天旱少雨，无灌溉条件，果园清耕，不覆草、不覆膜保墒等所致。

（3）果形多有偏斜　果形显著偏斜或畸形，原因：一是授粉不充分，有的心室有种子，有的没有种子，因为种子会产生生长素，能刺激果肉发育，所以没有种子的那边果肉生长不充分，果实自然畸形；二是果形剂喷得不均匀，喷得多的一面，果肉充分发育，喷得少的一面，果肉发育慢，故成畸形。因此，打药时应让花朵充分着药，并将多余的药液抖掉；三是果实分布方向朝上

者，萼端窄小，果肩宽大；斜生者，下大上小；下垂者果形高桩、端正，因此应多留下垂果。

七、壁蜂授粉技术

在春节后购进壁蜂茧，每亩果园按 80～100 头准备即可。

贮放：将壁蜂茧放入 5℃冰箱中保存。

准备蜂箱：用容量为 10～15 千克的苹果箱（最好是木箱）当蜂箱，在果园内均匀摆放。箱距 100～200 米，高度为 1 米，箱子一面开口朝南，上面用塑料纸盖好，以免淋雨。

栽种油菜或白菜头、萝卜头，以便在苹果花开前用十字花科植物的花朵吸引刚羽化的壁蜂，有花粉可采，壁蜂就不会飞远。

放蜂茧：在苹果开花期前，将蜂茧放入蜂箱内，每箱放 100～200 头。

做泥坑：为了给壁蜂提供做巢或封巢管用的稀泥，应在蜂箱前挖一小坑，内衬塑料纸防渗漏，放土和水，搅成稀泥，以待壁蜂取用。

做巢管：用报纸或牛皮纸卷成巢管，内径 6 毫米，长 20 厘米，一头用泥堵死。管要有一定强度，让壁蜂有安全感，愿意在管内产卵。每个蜂箱内放 3～4 个捆卵管，每捆 50 根，并在每捆巢管上涂以不同颜色的水彩颜料，以便壁蜂找回蜂巢。

收起巢管：在苹果花期过后 10 天左右，将巢管收起，用纱布包好，防止蚂蚁掉于空房梁上，防止天敌侵害。

八、疏花定果

在一定的生态条件和管理水平下，要想保证果实品质产量和克服大小年现象，严格的疏花定果和合理负载是至关重要的。因此，应因地制宜、因树制宜，确定花果量，适宜负载量。因园定

量、因树定产、因枝定果，实行单果管理，力求产出精品果——向每个果子要效益，实现单个果子效益的最大化。目前，果品质量的竞争日趋激烈，搞好此项工作尤为重要。

（一）花果适宜负载量的确定

确定果树适宜负载量的方法很多，但从实践和实用价值来看，目前生产最常用的是干周法和距离法。

1. 干周法　单株留果数 $=0.2C^2$，式中 C 为干周（厘米），0.2 是计算系数。

2. 距离法　此法在疏花疏果时应用有助于果实均匀分布。大量生产实践表明，新红星和红富士的适宜果间距分别为 $20\sim25$ 厘米和 $25\sim30$ 厘米。在操作中，要根据树势、果量、管理水平、砧穗组合等灵活掌握。对于红富士，强树、强枝每 25 厘米留 1 个果，弱枝每 30 厘米留 1 个果。用干周法确定出适宜负载量后，再用距离法保证苹果均匀地分布于全树各枝组和结果枝上。

（二）人工疏花定果

1. 优点　一是克服大小年，提高果实品质；二是节省营养，提高坐果率；三是增强树势和抗逆性；四是可择优留果。

2. 最佳时段　从节约树体养分角度来说，疏花越早越好。生产上已逐渐形成疏序、疏蕾、疏花、早疏幼果四个步骤，因为近年来花期遇不良天气的概率较大，坐果不稳定，所以在这些地区提倡早疏弱花、密花、小花，等坐果后集中定果，定果最迟应在盛花后 26 天内结束。

3. 留果原则　①在一棵树上，骨干枝少留，辅养枝多留，弱枝少留，强枝多留，内膛少留，外围多留；②骨干枝先端少留或不留；③一个枝组上留前疏后；④待全树定完果后，再复查一遍，对疏漏和留果密的部位进行补疏。

4. 果实的选择　在果实的选留上，多数果园不严格，喜欢多留。精品果园内果的选择至关重要，应选留单果、大果、端正果、无病虫害和枝擦果、萼洼朝地、果肩平整果和均匀果等，达到严格疏花定果、实行单果生产的目的。

九、全园套袋技术

（一）果实套袋

在早疏花蕾、疏花和疏幼果的前提下，选择果肩平整、大果、单果（主要是中心果）、端正果、下垂果、健康果、均匀果进行套袋，按干周法确定全园或单株留果数，选优质双层袋进行套袋，多余果全部疏除，不留裸露果。在套袋后还要进行全树或全园复查，清理、疏除枝叶中的漏套果。

套袋时，要按要求撑鼓纸袋，底部朝上，口要扎紧，以减少病虫害危害和防止雨水进入。

（二）套袋生产中常见问题和解决办法

1. 套袋时间选择 套袋一般在花后 30～35 天进行，但此期正遇 35℃以上的高温，会造成果实日灼病增加，因此，可躲过高温期延后套袋。

2. 疏果、留果不到位 果量过大会导致果实套袋后 3～4 周因营养不良而出现大量落果、落袋现象，既浪费人工，又浪费纸袋，应严格按照干周法定量，按距离法留果。

3. 套袋技术不过关 若袋底朝下，果袋未撑鼓起来，幼果挨贴袋壁，则果实易出现日灼伤。因此，套袋应改为从上往下套，撑圆纸袋，夹紧果梗，叠牢铁丝，不让雨水流入和害虫钻入果袋。

4. 套袋前选果不严 若疏果工只管疏果，套果工只管套果，工人再缺乏严格培训，则容易造成选果不严，将小果、歪果、裸

露果、扁果、三棱果、圆形果、带肉质柄果、朝天果、弱枝无副梢果等套上纸袋。因此，应严格培训操作人员，按干周法确定果数，为每株树留好果袋，多一个都不要套，养成严格操作的习惯。

5. 套袋前未打药或打药不周到　已经被病虫危害的幼果套上果袋后，有了纸袋的保护，害虫在袋内的稳定环境中会继续危害果实。因此，应在打药且药干后迅速套袋，不要喷药后隔 1 周再套袋，那时药已失效，起不到应有的作用。

6. 选袋不严　一般果袋不含杀虫、杀菌剂，对袋内病虫害不具杀伤力。因此，套袋果病虫害严重。因此，建议精品果园选用小林袋等有杀虫杀菌剂的优质双层纸袋。

7. 果袋规格　有的果袋规格小，果个大时，果袋采前即被撑破。个别袋内湿度大或积水重，易引发黑点病而影响果实品质。因此，要严格选袋。

十、果实增色技术

套袋果摘袋后，应及时摘除靠近果实的遮光叶片，并转动果实，促其着色，并进行秋剪、铺设反光膜等措施，这也是促进套袋果实全面着色的有效方法。

（一）秋　剪

秋剪不仅能增加光照，而且能提高果实的品质。树体要想有一个良好的受光环境，就必须进行合理的整形修剪，而仅靠冬季一次修剪，是远远不能满足果实正常生长所需光照量的。树冠内的相对光照量以 20%～30% 为宜。为了达到这个目标，就必须剪除树冠内的徒长枝、剪口枝和遮光强旺枝，疏除外围竞争枝，以及骨干枝上的直立旺枝。这样能大大改善树冠内的光照条件。树冠下部的裙枝和长结果枝在果实重力的作用下容易被压弯下

垂，可以对它们采取立支柱顶枝或吊枝等措施，解决其受光不足的问题。

（二）摘　叶

1. 摘叶　是指用剪子将影响果实受光的叶片剪除，仅留叶柄。适当摘叶对红富士苹果的可溶性固形物含量并无多大影响，但可明显提高果实的着色状况。

2. 摘叶时间　摘叶应在摘袋后 3～5 天进行，7 天左右完成。对不同品种来说，可根据其生物学特性确定摘叶时间。嘎啦、津轻和千秋等中熟品种，因果实发育期较短，可在采前 15 天左右摘叶；新红星、首红和艳红等元帅系短枝型品种着色容易，但遮果叶多，摘叶量大，为减少摘叶对后期光合作用的影响，摘叶时期可稍晚一些，以采前 10～15 天为宜；对红富士等晚熟品种，则宜在采收前 20～30 天摘叶。

摘叶时，要先摘除贴果叶片和上部、外围距果实 5 厘米范围以内的遮阴叶片，包括发黄的、较薄的和下部的老叶，以及面窄的小叶。3～5 天后再摘其他的遮光叶片，包括树冠内膛与下部的、果实周围 10～20 厘米以内的全部叶片，以及发红叶和处于生长中的秋梢叶。

3. 摘叶时注意事项

第一，要根据当地的气候特点、光照条件、树体长势和综合管理水平，适时适量地进行摘叶，不得过早。否则会降低果实产量，影响翌年花芽质量和产量。

第二，摘叶前必须进行秋剪。应先疏除遮光强的背上直立枝、内膛徒长枝、外围竞争枝和多头枝。

第三，为了有效地促进着色，摘叶时应多摘枝条下部的衰老叶片，少摘枝条中上部的高效功能叶片，多摘果台基部叶片，适当摘除果实附近新梢的基部到中部的叶片。

第四，摘叶时切记要保留叶柄。

（三）转　果

转果的目的是让果实阴面获得直射的阳光，使果面全部着色。

1. 转果时期

在摘袋后 4～8 天内开始转果。据观察，去袋后的 8 天内（指 8 个晴天，阴天要扣除）是果实阳面的集中着色期。其中去袋后 4 天，果实阳面几乎可全部上色，这时就可开始转果。转果后 15～20 天，原本不着色的阴面，朝阳后也能全面着色，从而使整个果面变得浓红漂亮。若去袋后 8 天再开始转果，虽然阳面着色浓红，但阴面转向阳面后长时间不着色，采收时阴阳面色差较大，果面总体颜色差。

2. 转果方法　用手托住果实，轻轻地朝一个方向转动 90°～180°，将原来的阴面转向阳面，使之受光即可。当果实背面的一侧有临近枝条时，果实被转后可用窄而透明的胶带固定在邻近的枝条上，以防果实回转。对于下垂果，因为没有可供转果固定的地方，可用透明胶带将转果连接在附近合适的枝条上。

3. 转果注意事项

第一，转果应顺着同一方向进行，并尽量在阴天、多云天气及晴天的早晨和下午进行。切勿在晴天中午高温时转果，以防阴面突然受到阳光直射而发生日灼。

第二，转果时切勿用力过猛，以免扭伤果柄，造成落果损失。

第三，对于果柄短的新红星等元帅系短枝型品种，可分两次转果：第一次转动 90°，7～10 天后朝同一方向再转动 90°。

第四，在高海拔、昼夜温差大的地区，对红富士和乔纳金等品种转果时，也可采用两次转果的方法，以避免日灼。

实践证明，采取摘叶转果的方法，可大大提高苹果的着色状况，改善苹果的品质。

（四）铺反光膜

在套袋栽培的苹果树下铺设反光膜可提高全红果率。树冠下部和内膛往往接受不到太阳光的直接照射，处于低光照区，这些部位的果实一般着色差、含糖量低。这在密植栽培的果园尤为突出。套袋果的萼洼也难以着色。如果在树下铺设反光膜，那么就能明显提高树冠下部的光照强度。

1. 铺反光膜的时间　在果实着色前期就要铺设反光膜。一般晚熟苹果铺反光膜的时间为 9 月上旬到采收前，而套袋苹果在摘袋后就应立即进行。

2. 铺反光膜的位置和用量　反光膜要铺设在树冠下的地面上，将树冠整个投影面铺满。反光膜的边缘要和树冠的外缘对齐。在宽行密植的密植果园，可于树两侧各铺一条长反光膜。在稀植果园可于树盘内和树冠投影的外缘，铺设大块的反光膜。若用 GS-2 型果树反光膜，则要每行树下排放 3 幅，每幅宽 1 米，树行两边各铺 1 幅，株间的 1 幅裁开铺放，铺好后用装土、沙、石块或砖块的塑料袋多点压实，防止被风刮起或被刺破。每亩用膜 350～400 米^2。

3. 铺反光膜的注意事项

第一，铺反光膜的果园必须通风透光。若地面光照不足，将会大大影响反光效果。因此，铺设反光膜的果园，首先应是综合管理水平高的果园，树形规范，枝量适中，一般每亩的枝量控制在 6 万～8 万条。对于密植郁闭型果园，在铺膜前要进行很好的秋剪，并疏除和回缩拖地的裙枝和行间密挤大枝。

第二，果实采收前要及时收膜。将反光膜小心地揭起，并用清水冲洗干净，晾干后卷叠整齐，贮放在室内无腐蚀性的环境条件下，以备翌年用。

十一、果实采收及采后处理技术

（一）采收适期

1. 确定适采期

（1）确定采收期的原则

①市场需要　7～8月份，南方市场急需金冠、乔纳金等品种，以青果出售，价格较高；国庆节、中秋节前15天，市场急需早、中熟品种（红王将、水晶富士），果实需提前摘袋，于9月中旬采收，虽然风味不够好，但价格非常高。早采有利于缓解农村劳动力紧张情况，增加树体储藏营养。

②储藏期　早期销售的果品可以适当晚采，晚期销售的果品可以适当早采。

③客户要求　一些大客户往往对采收期提出具体的要求，果农和企业家应按期采摘。

（2）确定适采期的依据

①果面颜色　新红星、首红等果面变红，甚至着色较好时，其实并未成熟，只有果面转为深红色或紫红色时才真正成熟。红富士苹果果色由绿色变为淡红再变为深红时即可采摘。

②果实生长天数　在同一个地区，每个品种果实生长天数是不一致的，如富士系苹果，早熟富士发育期为150～155天，普通富士175～180天。

③果实硬度　接近成熟时，果肉变软，硬度下降，红富士苹果采收的硬度指标：短期储藏者为5.9～6.81千克/厘米^2，长期储藏者为6.36～7.36千克/厘米^2。

④可溶性固形物含量　接近成熟时，可溶性固形物含量提高。当红富士苹果可溶性固形物含量达到13%以上时，便可采收。

2. 做好采前准备

第一，做好市场调研，广泛联系客户，建立销售网络，以达货畅其流。

第二，准备估产，评定品质，做出采收计划，充分调动、组织劳动力和运输力，力争按时采收，定期采完。

第三，整修运果道路系统，准备好果场、果库，备好采果用工具（如采果袋、果梯、果箱、集装箱等）和运输车辆。

第四，培训采果人员，掌握规范操作，减少不必要的损失，提高劳动效率。

3. 采果技术　为减少不必要的损失，应该做到：①选晴天采果，提高果实耐藏性。②按序采果。采果前先拾净树下落果，减少踩伤损失，然后开始采果。采果时先采树冠外围和下部的果实，后采内膛和上部的果实，逐枝采净。采完后复查一遍，防止漏采。操作中尽可能利用采果平台和梯凳，以减轻人对枝叶的踏伤和少碰掉果实。③采摘人员要剪短手指甲并磨圆，以免刻伤果面；要穿无钉子的胶底鞋，以免踏伤树皮。采果要求：轻采、轻放、轻卸，尽量减少碰压伤。要保护果梗，但要将果梗剪短，以免刺伤周围的果面。

4. 分期采收　在适采期内，同一株树上的果实因着生位置、方向、树龄、枝粗、果数等不同，其成熟度也不尽相同。分批采收不但可使采下果的成熟度相近，还能增产、提质，提高商品果的均一性。果实一般分2～3次完成采收：第一批采树冠上部、外围的果，这些部位果大色佳；第二批要经过5～7天，再采摘色好、个大的果；第三批再过5～7天，将树上所剩果品全部采下。前两批果品占全树产量的70%～80%，第三批果品占全树产量的20%～30%。

（二）采后处理

目前，我国苹果的采后处理环节是薄弱的。现代化商品处理

果不足总产量的 20%，大多采用手工分级和分级板分级。分级板分级时，同样重量的果实长成高桩后反而容易通过分级孔，分级不够合理。

当前，提倡苹果采后商品化处理，包括清洗、消毒、烘干、打蜡、精选、分级和包装等环节。处理后的果实光洁均一，商品性状明显提高，可延长储藏期，提高苹果附加值和市场竞争力。

1. 分级方法

（1）人工分级　人工分级就是用分级板分级，以横径为准，分级板上有 90 毫米、85 毫米、80 毫米、75 毫米、70 毫米和 65 毫米规格的圆孔。经严格分级，同级果均一性好，但手工分级板渗入了主观因素，准确度低，果实损伤多，劳动成本高，经济系数低，该法不适于国外市场的需要。

（2）机械分级　机械分工即采用各种类型的果品分级机进行分级。其中包括：①机械式重量分级机，国内最为通用。②果蔬重量分级机，对各种形状果品都能分级。③可编程序的电子重量分级机，该机适于大范围果实分级需要。④可编程序的光电分级机，根据外观和着色率进行果品分级，属于最现代化、无伤痕作业线。上述机械分级的共同特点是分级严、轻柔、迅速、损伤少、生产效率高。

2. 洗果、打蜡

（1）洗　果

①水洗和机洗　在分级机流水线上，可将果实表面的泥土、污物、药物等残留物洗去，再通过毛刷辊将果品擦干并进行分级抛光。

②溶液洗果　用清水洗不掉的果面污染物、霉菜和农药等，可用 0.1% 盐酸溶液洗，洗果 1 分钟左右，再用 0.1% 磷酸钠溶液中和果面的酸，最后用清水漂洗。此外，也可用湿布擦去果面污物。

（2）打蜡　在流水线上可往果面上涂一层可食性液体保鲜

剂——果蜡，果蜡经烘干固化后，形成一层鲜亮的半透明薄膜，可以保护果面。

3. 包装、装潢　优质、精品、功能性果可以精美包装，以增加其市场竞争力，提升售价。

（1）包装容器

①包装材料　要求卫生、美观、高雅、大方、轻便和牢固，利于储藏、堆码和运输，现已由过去的条框改为纸箱和钙塑箱。

②包装箱盒　要求精美、便携。

（2）包装技术　采后处理的果即可进入包装程序。

①贴商标标签　果上贴自己的商标或防伪标签，标签上标明商标、品种、产地、重量、果数及联系电话等。

②包裹　按程序将果包好，果实在包装箱盒中紧密排列，盒中放上垫板，直至装满为止，上盖衬垫物，加盖封严、封牢。在每个果箱上写明品种、果数和级别等，要求每个包装件内果实均一，不能混淆等。

（3）包装要求　应选用钙塑瓦楞箱或瓦楞纸箱包装容器，其技术要求应符合 GB/T 13607 的规定。包装容器不得有枝、叶、沙、石、尘土等杂物，内包装材料应新鲜洁净、无异味，不会对果实造成伤害与污染。同一包装中，果实横径差异不得大于 5 毫米，各包装件的表层苹果在大小、色泽、果形等均应与下层相同。

（4）储藏要求　保鲜储藏是采后增值的重要环节，它可以有效减少采后损耗，确保苹果均衡供应，提高苹果售价和经济效益。

由于精品果储藏量不大，而且临时需求多，所以一般不选气调库储藏，而是选机械冷库。冷库贮藏应做到：①苹果入库前需经预冷处理；②入库前 3 天，将库温冷却到适温；③日入库量不应超过库容量的 1/10；④库温控制在 $-0.5℃\sim0.5℃$；⑤库内相对湿度应保持在 $85\%\sim90\%$；⑥每 7～10 天，在早晨进行一次通风换气，必要时开动制冷机，以防库温升高。

第五章
SOD 软籽石榴生产配套技术

一、对环境条件的要求

(一)温　度

温度，特别是低温，是限制石榴发展的决定性因素。一般来说，温度因子包括冬季绝对最低温、旬最低温及有效积温等。石榴属喜温畏寒树种，气温和土温直接影响石榴树的生长发育。

1. 绝对最低温度　该温度决定了石榴适宜区的划分，冬季绝对最低气温在 -17℃以下时，石榴地上部分受冻；-19℃时大部分冻死；-22℃～-25℃时大部分或全部冻死。石榴地上部不能忍耐 -14℃的低温，有时 -9℃即能使枝干出现冻害。

2. 有效积温　石榴生长期内≥10℃以上积温应在 3 000℃以上。中部、南部积温均在 4 000～8 000℃，石榴的生长热量才能得到充分满足。

(二)水　分

石榴树较抗旱，年降雨量 50 毫米以上的地区，只要保墒防旱措施得力，一般不需灌水。但局部地区干旱或过湿，也会影响产量和质量。若花期干旱，则会造成落蕾、落花；若花期阴雨、低温，则会影响昆虫传粉，降低坐果率，并引起枝叶徒长；若果实膨大期

干旱，则会抑制果实膨大并发生落果现象；采前多雨，尤其先旱后涝，会造成裂果和烂果问题。因此，水分调控对石榴生产非常重要。当土壤含水量（30 厘米深处）为 5% 时，石榴树会暂时萎蔫；含水量降至 3% 时则会出现永久萎蔫。土壤含水量达到 12%～20% 时，有利于开花坐果和枝条生长；土壤含水量达 20.9%～28% 时，有利于树体营养生长；23%～28% 时有利于石榴安全越冬。但果园积水或涝灾对石榴树危害较大，若石榴树生长期连续 4 天积水，则叶片发黄早落；若积水超过 8 天，则植株涝死。

我国大部分（中南部地区）石榴产区降水量在 55～1 600 毫米，多集中在 7～9 月份。产区出现的局部干旱是制约石榴生产的主要因子。所以，石榴园区要加强水分调整，注重保墒、灌溉和排水设施的建设。

（三）地势、坡度和坡向

1. 地势　海拔高度影响光、热资源的变化。石榴垂直分布范围较大，从平原地区（海拔 10～20 米）到山地（海拔 2 000 米左右）均有栽培。如江苏吴县市海拔只有 10～20 米，河南开封约 70 米，安徽怀远县 50～150 米，山东峄城区约 200 米，陕西临潼区 400～600 米，四川奉节县、巫山县 600～1 000 米，云南会泽县 1 800～2 000 米，云南蒙自市 1 300～1 400 米，四川攀枝花市 1 500 米，均栽有大面积优质石榴，但从质量来看，石榴山地栽植优于平地栽植。

2. 坡度　坡度对土壤肥力、含水量等均有明显影响，一般要求坡度在 20° 以下。

3. 坡向　以南坡较好，南坡日照时间长，温度较北坡高，物候期早，果实品质好。

（四）土　壤

1. 土壤类型　石榴树对土壤要求不严，在石灰质壤土，红

壤土，油沙土或细砂土或砂壤上生长好、品质高。而在黑泥土上，果实着色差；酸性黏土上易裂果，难贮藏；在黑壤土上，树旺、皮厚、外观美；水白土上易裂果；红泥浆土上发育差、产量低。

2. 土壤 pH 值　石榴树对土壤酸碱度适应性广（pH 值 4～8.5），但以 pH 值为 7 ± 0.5 的中性和微酸性土壤最为适宜。

（五）光　照

1. 年日照时数　石榴树属喜光树种，后期光照尤为重要。我国石榴栽培区，年日照时数为 1 000～3 000 小时，各地年日照时数差别很大，但都能满足石榴对光照的要求。

2. 成熟前日照时数　此时日照时数对果实着色、品质影响很大。云、贵、川、陕、鄂、湘等地，成熟前的当月平均日照时数为 140 小时以下，个别地区少于 60 小时；东南部沿海在 200 小时以上；秦岭、淮河以北，石家庄、太原、西宁以南，日照时数为 200～240 小时。9 月份日照平均在 200 小时以上的地区，基本上可满足石榴成熟对光照的要求。

二、高标准建园

（一）选择壮苗

1. 壮苗标准　苗木粗壮，芽子饱满，皮色正常，达到一定高度，根系发达，无检疫性病虫害。

2. 栽前处理　①剪齐根端毛茬，剪去折断根、根部过低分枝和细弱侧生枝。②将苗木按质量进行分级，剔出弱苗，畸形苗，伤口过多、过大苗，病虫苗，根系不良苗。③将要栽的苗浸根 1 昼夜，在水中加入生根粉，按标准下药，以利苗木生根，提高成活率。

（二）园地选择与准备

1. 园块大小　为便于果园管理，丘陵山区以 2～3 公顷、平原以 3～6 公顷为宜。

2. 园地准备　在坡度为 5°～25° 的地带建园时，宜修筑等高梯田、挖鱼鳞坑或反坡梯田，沙荒地要平整土地，滩地要培高垄。

3. 土壤改良　要先深翻施肥，每亩施 2.5～5 吨腐熟的有机肥，最好先种绿肥或种菜，提高土壤肥力、改善土壤状况。

（三）合理密植

1. 选择优良的软籽石榴品种　品种做到早、中、晚搭配，一般主栽品种 2～3 个，授粉品种 1～2 个，授粉树与主栽品种比例以 1∶4～8 为宜。

2. 因地制宜确定栽植距离　土肥水条件好的，株距 3～4米、行距 4～5 米；土肥水条件中等的，株距 2～2.5 米、行距3.5～4.0 米；土肥水条件差的，株距 1.5～2 米、行距 3～3.5 米。

3. 由品种和树形确定栽植密度　品种生长势强、树体大的，株距 3～4 米、行距 4～5 米；生长势中等的，株、行距各缩短0.5 米；生长势弱的，再各缩短 0.5 米。用大树冠树形的，可加大株、行距，株、行距都保持在 4.5～5 米；采用中等树冠的，株、行距各缩短 0.5 米；采用更小枝冠的，再各缩短 0.5 米。

4. 计划密植　为提高果园前期产量，苗木栽植时密些栽，比如按株、行距 1 米×2 米栽；3～4 年后，树体增大后再间伐一半，变成 2 米×2 米；再过几年，间伐成 2 米×4 米。这类果园栽后 2～3 年结果，4～5 年丰产，而且可连续多年高产。

5. 栽植方式　集约化石榴园多按长方形栽植，即宽行窄株栽植，宅旁、路旁宜用单行栽植。庭院内可单株、零星栽植；山地要等高、随弯度就势栽植。

（四）栽植时期

1. 春栽 一般黄淮地区在 3 月上中旬至 4 月中旬栽植，苗木萌芽前越早越好。

2. 夏栽 夏栽需遮阳，一般用得少，多在育苗上用。

3. 秋栽 多在 11 月下旬至 12 月中旬落叶后栽，个别也有在 9～10 月份带叶移栽的，但冬季要注意埋土防寒。

（五）建园准备

一是平整土地，清除杂树，搬走石块，客土换沙。二是备齐肥料，株施腐熟有机肥 20～25 千克、生物有机肥 1～2 千克、过磷酸钙 0.5～1 千克。三是准备钢尺（100 米长）、测杆（4～6 根）、白线绳数百米、40 厘米长木桩若干个、斧头几把。

（六）定　植

拉线栽植：面积大的地块用钢尺定准株、行距，然后逐行拉白线，从一头开始，按株距拉一横线，与行线垂直交叉。在交叉点上，用白灰标记定植点，然后撤走行线，接着在定植点挖穴或沟，直径 50 厘米左右、穴深 40～50 厘米。之后将表土与有机肥混匀，填高到离地面 20 厘米左右，在中间堆成一土堆。

栽树时再将行线拉紧，按株距从地头拉一横线，在离交叉点 5 厘米处栽树。每行一组工人，一人扶苗、一人填土，各组都栽妥后前移横绳到下一株，再在交叉点上栽树，如此栽到地块另一端。这样栽树既快又标准，纵、横、斜三方向都各在一条直线上。

（七）栽后管理

1. 修树盘或土埂 主要方便栽后及时灌水，若有滴灌则效果更好。

2. 扶正苗木 灌水后，苗木易歪斜，要及时扶正苗木。

3. 追肥　当幼树已萌芽抽梢，新梢长到25～30厘米时，即可在根系周围20～30厘米处挖浅沟，并少量追施复合肥，每株10～20克即可。

4. 抹芽　萌芽后及时抹除近地面20厘米内的萌芽，确保顶部抽枝正常。

5. 覆膜　栽完树浇水后立即覆地膜增温保墒，提高苗木的成活率。

三、土肥水管理

（一）土壤管理

1. 推行生草制　在年降水量500毫米以上的地区，石榴园应实行生草制，除留出树盘清耕外，株行间都应进行生草制。在夏、秋季果园杂草繁茂的地区，可以推广自然生草法，当草高30厘米时，每年人工用镰或割草机刈割杂草几次，将割下来的草堆于树盘内，或均匀撒在行间均可。生草园每年可增加0.1%的土壤有机质，生草对改良土壤非常重要。生草可以保持水土，提高土壤肥力，改善团粒结构，增加土壤保肥、保水、保温、透气能力，有利于害虫天敌的繁育。因此，应大力提倡果园生草制，杜绝除草剂，让石榴园走上良性循环之路。

2. 提倡果园覆盖制

（1）树盘覆膜　早春土壤解冻后灌水，随之覆地膜或黑膜增温、保墒，膜块大小与树冠相当，四周用土压严，中间与树干接触处堆个小土堆，以防膜下热空气灼伤树皮。

（2）园地覆草　覆草好处很多，一是土壤有机质及速效氮和磷的含量显著增加；二是保持水土，防止径流，抗旱保墒；三是保护根系，土温相对稳定，有利于根系活动，增加根量；四是强健树势，果实产量、质量提高；五是减轻病虫害，如桃小食心虫

因草层较厚而无法正常出土。

①覆草时期 以6月份天气开始炎热时覆草为好。

②覆草种类 各种作物秸秆、杂草、糠皮等。

③覆草厚度 以20厘米为佳。太薄不起保墒作用，太厚用草量大，易致地温低。

④覆草方法 幼园宜树盘覆草，盛果期树宜全园覆草。以树干为圆心的20厘米半径内不覆草，以免老鼠啃树皮。随着草层腐烂、变薄，每年还要补覆一定量的草，保持20厘米厚的草层。

（二）合理施肥

1. 施肥时期

（1）**春季** 萌芽后至开花前，此期根系刚开始活动，吸收水分和营养，但量不大；地上部芽子膨大，孕育花蕾，其营养来源是树体内的贮藏营养。为了补充树体贮藏营养的不足，一般会追施氮、磷肥。追肥途径：一是叶面喷布，二是枝干涂抹。

（2）**盛花末至幼果膨大期** 石榴花期长达2个月以上，盛花期20天，石榴开花、幼果膨大、花芽分化、新梢生长，对养分争夺十分激烈，消耗养分也最多。此期正值6月下旬至7月上旬，此次追肥要氮、磷肥搭配，适量施钾肥，同时，施肥量要充足。

（3）**果实膨大至着色期** 即在采前15～30天，此期追肥对增大果个、提高着色度和糖度、增加果实整齐度和商品率、加大树体营养贮备十分关键。追肥以磷、钾肥为主，氮肥为辅，效果较好。

（4）**秋季（8月中旬至9月下旬）** 此期为施基肥最佳时期，好处：①土壤温湿度合适，可加速有机肥分解成腐殖质；②沟施必然会切断部分根系，一般直径1厘米以下的断根可以迅速愈合并发出新根，入冬前新根可达10～20厘米长。新根吸收水分和养分，有助于提高树体入冬前贮藏营养水平，使树体安全越冬。

2. 施肥种类

（1）**有机肥**　有机肥是全素性肥料，发挥肥效慢（一般 1～2 年），提倡秋季施入。

①农家肥　指土粪、厩肥等。农家肥必须经过发酵，否则，施入树下容易烧根。

②生物有机肥　目前提倡使用生物有机肥，这是经过工厂化处理的综合性肥料：生物菌、无机肥（氮、磷、钾及微量元素等）、有机质（30%～60%），如龙飞大三元、蒙鼎基肥等。

（2）**无机肥**　各种化肥、矿粉、草木灰等。无机肥发挥肥效快（数小时至 2～3 天），但持续时间短（2～3 个月），一般作根外（叶部）追肥和地面追肥。长期施化肥易造成果园土壤板结、元素不平衡现象。

果园常用化肥有尿素、硫酸铵、过磷酸钙和硫酸钾等。此外，还有各种复合肥等。

3. 施 肥 量

第一，有机肥（农家肥）必须是腐熟的，按 1 千克果施 2 千克有机肥的比例施入。

第二，生物有机肥：小树株施 2～3 千克，大树株施 7.5 千克左右。

第三，化肥按有机肥量的 1/10～2/10 施入。根外追肥虽然要进行 3～5 次，但每次用量小，不占太大比例。

第四，枝干涂肥：每亩用 5～10 千克蒙力 28 涂杆肥，加水 5～10 升，喷涂树干。

第五，根注：每亩追施 10 千克蒙力 28 冲施肥＋100 倍水＋汉姆红运 2 千克，株扎 4～8 个孔，每孔注入 4～5 秒钟。

4. 施肥方法

（1）**沟施**　幼树结合放树窝子、挖环形沟等逐年扩大根系分布范围。肥料不足时，可挖短沟施肥，深度 30～50 厘米，宽度 40～50 厘米。

（2）**穴施**　在肥料不足时，可采用穴施，穴直径 30 厘米左右、深 30 厘米，将肥料与土拌匀，撒入穴内。

（3）**随水冲施**　将易溶于水或液体的肥料放入灌溉水中，随水灌入树下，多、快、好、省。

（4）**喷、涂法**　即用毛刷将肥（涂杆肥）刷涂到枝干上（切忌伤害叶片），或用小型喷雾器将肥喷到树干上，养分通过皮层吸收，效率较高。

（5）**根注**　用施肥枪将肥料靠压力注入树下根系分布区，深度 20 厘米，每株树扎 4～8 个孔。

（6）**叶片喷布**　随喷药将肥料喷到树上，浓度为 0.1%～0.3%，也可单喷。

（三）水分调控

1. 灌水时期

（1）**萌芽水**　萌芽前灌水可促发春梢，有利于成花、花蕾发育，还可防止晚霜危害。

（2）**花前水**　有利于开花坐果。

（3）**催果水（盛花后至幼果发育）**　此期幼果发育需水量大，天气局部干旱时需灌水 1～2 次。

（4）**封冻水（10 ~ 12 月份）**　封冻前灌水有利于基肥的腐熟，也利于新根发育和开花、坐果。

2. 灌水方法

（1）**沟灌**　在树盘周围开环状沟，宽、深各 20～25 厘米，灌水后覆土，减少水分蒸发。

（2）**行灌**　在树行两侧各 40～50 厘米处修一土埂，高 5～10 厘米，顺树行灌水，适于行短和平地果园。

（3）**树盘灌**　距树干 30～50 厘米处修一圆形土埂，土埂高 10～15 厘米，往树盘内浇水。一般幼树栽后 1～2 年内均可采用此法。

（4）**滴灌**　在条件允许情况下，安装滴灌或微喷系统，确保旱时及时供水。

3. 排水　雨季及时排水防涝，对石榴树正常生长结果至关重要。

四、合理修剪

（一）丰产树形

1. 自然开心形

该树形适于株、行距2米×3米的密度，亩栽111株。其优点是树冠小、骨干枝少、小枝多、光照好、病虫少、易管理。

树体结构：全树有1个主干，干高50～70厘米，主干上着生3个主枝，方位角互为120°，主枝基角50°～55°，每个主枝上分别配备1～2个大侧枝。第一侧枝距主干50～60厘米，第二侧枝距第一侧枝40～50厘米。全树共有3个主枝，3～6个侧枝，主、侧枝上配备20～30个大、中型枝组。树高和冠幅控制在2～2.5米之间，轮廓呈自然半圆形（图5-1）。

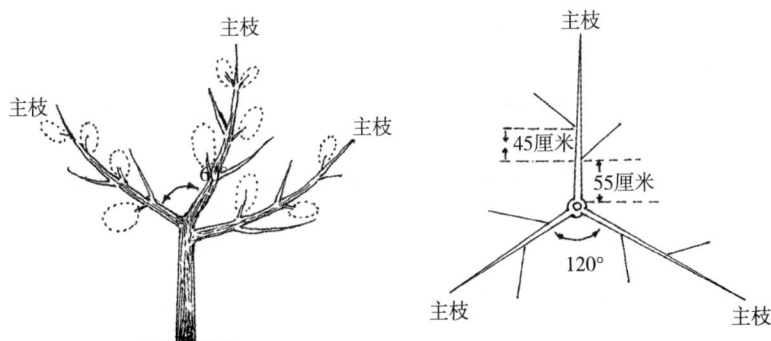

图5-1　自然开心形树体结构

2. 三主枝开心形

这种树形适于株、行距 3 米×4 米的密度，亩栽 55 株。其优点是树冠较大、枝组较多、树冠大开心、光照良好、产量较高、果实质量较好、病虫害轻、管理较方便。

树体结构：属于无主干树形。全树只有方位角各 120°的三大主枝，每个主枝与地面夹角 40°～45°。每个主枝上配备 3～4 个大侧枝，第一侧枝距地面 60～70 厘米，其他侧枝间距 50～60 厘米，每个主枝上配备 15～20 个大、中型枝组。树形完成后，全树共有 3 个主枝，6～12 个侧枝，45～60 个大、中型枝组。树高和冠幅控制在 3.5～4 米，轮廓呈自然圆头形（图 5-2）。

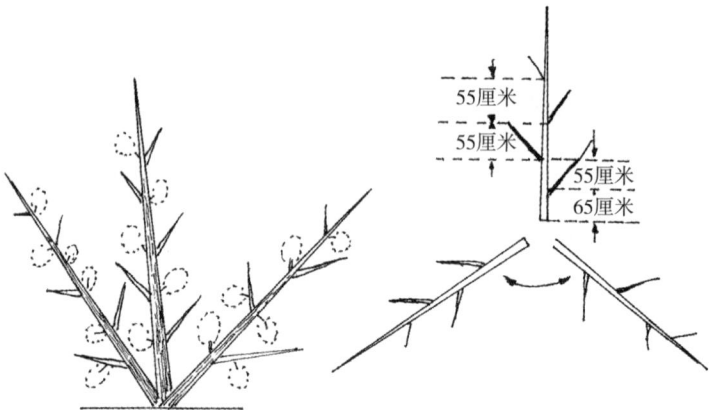

图 5-2 三主枝开心形树体结构 （仿许明宪图）

此外，生产上还有多干半圆形、双干形和细长纺锤形等。

（二）修剪方法

1. 幼树期 按树形要求，留好主枝和侧枝。对影响骨干枝的枝，一般要疏除。同时，还要疏除竞争枝、内向枝、徒长枝等。另外，还要将骨干枝拉枝到位，达到应有的开张角度。

2. 盛果期树（5 年生以上） 树冠扩大慢，生长结果平衡。主要修剪任务是疏除多余旺枝、徒长枝、过密的内向枝、下垂枝、交叉枝、病虫枝、枯死枝、细弱枝等，保持枝间和枝组间距，对短枝（结果母枝）尽量保留，其余枝多用疏剪法保持树冠通风透光状态。

五、花果调控

（一）果园放蜂

1. 释放蜜蜂 在石榴花期释放蜜蜂是提高坐果率的有效措施之一，一般盛果期树每 150～200 株树放 2 箱蜂（约 1.6 万头蜂）可满足授粉需要。放蜂期间忌用杀虫剂。

2. 授粉壁蜂 壁蜂是独栖性野生花蜂，该类蜂在温度较低（日温 12～13℃）时，就能出巢访花，亩放壁蜂 100 头就够用。

（二）喷布 PBO 新型果树叶面肥

1. 影响石榴坐果率和低产的因素 ①自花授粉。石榴属两性花，自花结实影响坐果率。②树势旺，枝条密，树郁闭，影响成花和坐果。③花期阴雨多，低温寡照，霜冻危害，授粉不良。④营养供应不平衡，自然落果重。⑤裂果重的果园（一般在 60%～70%）易造成减产。

2. PBO 试验效果 PBO 属促控剂，由江苏省江阴市果树促控制研究所研制，为国家专利产品。

（1）**试验地点** 河南省信阳市平桥区胡店乡龙岗村戚永翔石榴园。

（2）**试材** 8 年生突尼斯软籽石榴品种。株、行距为 2 米×3 米，试验地土壤肥沃，树势强，管理较好。

（3）**试验处理** 共 10 株树，处理和对照各 5 株，于 5 月 15

日、6月10日和7月10日各喷1次PBO，处理浓度为350倍液，对照喷清水。

（4）试验结果 据赵莲花、王富河等试验结果表明，与对照相比，PBO处理组的优势如下：①坐果率提高42.1%；②产量增加397.92%；③百粒重增加23.56%；④出籽率提高11.9%；⑤出汁率提高2.9%；⑥可溶性固形物含量增加2.66%；⑦裂果率降低44%；⑧果色鲜红、品质极上（表5-1）。

表5-1 PBO对石榴坐果率、产量和品质的影响 （赵莲花等，2008年）

处 理	坐果率（%）	单果重（克）	株产（千克）	百粒重（克）	出籽率（%）	出汁率（%）	可溶性固形物含量（%）	裂果率（%）	果 色
PBO	59.2	192.6	23.9	23.6	45.9	44.8	13.37	17	鲜红
对照	17.4	158.3	4.8	19.1	34	41.9	10.71	61	淡红

由表5-1可以看出，PBO对提高石榴坐果率、提质增效方面的效果极其明显。在石榴第一批花后15天、45天和75天各喷1次300～400倍液的PBO，有助于保果、防果裂，但要严格疏果。

（三）人工授粉

1. 人工对花授粉 将盛开的正在散粉的钟状花（退化花）对触在正常花上，使花粉散落于花柱上，使其充分授粉。这样做，石榴坐果率可提高5倍以上，而且果实显著增大。1朵败育花可点授8～10朵正常花。此法虽然费工，但一般坐果率可达90%以上，比较稳妥可靠。

2. 机械喷粉

（1）采集花粉 先采集退化花，除去花丝、碎花瓣、萼片和其他杂物，将花粉抖落到铺好的纸上，收集起来，及时配制

花粉液。

（2）**花粉液的配制**　成分：水 10 升、蔗糖 0.01 千克、花粉 50 毫克、硼酸 10 克。将花粉放入 0.1% 蔗糖液中，随配随用。

（3）**授粉时间**　在晴天上午 8～10 时，柱头分泌物较多时授粉效果最佳。

花期内，1～2 天辅助授粉 1 次。花量大时，每个果枝只点授 1 朵发育好的花，其余蕾、花都疏掉。授过粉的花要作标记，以免重复授粉浪费人工。

机械喷粉不能控制授粉花数，多形成丛生果，要注意早疏果。

（四）疏蕾、疏花、疏果

1. 疏蕾、疏花　及时疏除退化花蕾、花和多余的幼果，可以节省植株大量的贮藏营养，让营养集中供应留下的有用果实，这是一项较为繁重的作业。

当能区分出正常蕾与退化蕾时，就要逐枝摘掉尾尖瘦小的退化蕾与花，保留发育正常的花蕾和花，这项工作要一直坚持到盛花期结束。工作中要避免疏漏。

2. 疏果　在果实坐稳后进行细致的疏果作业，根据树体大小和枝量确定适宜负载量，或根据干周粗度确定留果数，一般的留果标准：幼树、弱树和大果型品种树适当少留，壮树、小果型品种树适当多留。总之，要让果实在树冠上下、内外分布均匀合理，一般径粗 2.5 厘米左右的结果母枝留 3～4 个果。

六、果实采收与采后处理

（一）采收适期的确定

1. 分品种采收　根据品种籽粒、色泽等确定。黄淮地区，早熟品种多在 8 月下旬至 9 月上旬成熟，晚熟品种于 10 月中旬

成熟。

2. 根据市场需要　许多重点石榴产区为迎合旅游观光者的需要，采收期大大提前。因为 9 月初至双节前，旅游是淡季，双节期间则是旺季，所以安排品种时要考虑到这一点。

3. 分期采收　石榴花期长达 2 个月，开花有先后，就有头茬花、二茬花和三茬花及晚花果的区别。果实前后生长期差有数十天。果个有大小，着色有深浅，风味有浓淡，因此，分期采收较为合理。所以，先采坐果早、发育早、色泽好、风味浓郁的头花大果，后采二茬花果，最后再采三茬花果。这样既保证了果实质量，又提高了产量，顾客还满意。

（二）采果方法

第一，轻采轻放，避免机械伤（指甲伤、碰压伤、刺伤等）。

第二，剪留果柄。很快上市的，果柄宜留长些、带几片叶，富观赏性；包装后远途运输的，果柄剪短些，以免刺伤周围果实。

第三，采收过程中，尽量少用梯子上树，防止踩踏果枝和枝组，更不要碰掉花和叶芽。

（三）果实分级

1. 初选　将下树的石榴放在阴凉通风处，避免太阳暴晒和雨淋。先将病虫果、重伤果和裂果剔出。

2. 分级　这是提高石榴商品性的重要一环。石榴分级在国内尚无统一标准，但各地制定出了地方标准，如河南省开封市对石榴果实的分级定为特级、一级、二级和等外 4 个级别，陕西临潼对石榴分级定为 5 个标准（表 5-2）。

表 5-2　陕西临潼石榴分级标准　（暂行规格）

级　别	果重（克）	果数（千克）	色泽		允许刺伤、碰伤、虫伤、病疤情况及面积大小
			果　皮	籽　粒	
特　级	350 以上	3	全红	全红	无
一　级	250～350	3～4	2/3 红	全红	无虫伤、病疤刺伤面积 <1 厘米^2
二　级	150～250	4～7	1/2～2/3 红	全红	无虫伤、病疤刺、碰伤总面积 1～2 厘米^2
三　级	100～150	7～10	1/3～1/2 红	红	无虫伤、病疤刺、碰伤总面积 3～4 厘米^2
等　外	100 以下	10 以下	1/3 以下红	浅红	无虫伤、刺、碰病伤总面积 >5 厘米^2

（四）包　装

1. 篓筐包装　规格不一，装果 20～30 千克，篓筐内先垫衬蒲包或软草或果品保鲜袋。用软白纸包紧石榴，分层、挤紧摆齐，萼筒朝侧面，以免伤果。篓筐加盖、扎紧，挂上商品标签。

2. 纸箱包装　规格不一，有 50 厘米×30 厘米×30 厘米、40 厘米×30 厘米×25 厘米、30 厘米×25 厘米×20 厘米和 30 厘米×25 厘米×17 厘米等，分别装果 20 千克、10 千克、5 千克和 4.5 千克。装箱程序：箱底垫一纸板，后将纸格拉正，将用白纸裹紧的石榴分别放入格中。萼筒朝侧面，装满一层后，加盖一纸板，再放其余各层，装满箱后盖上硬纸板、加盖，用胶带封箱，打紧包装带。箱上注明品种、级别、重量、产地、电话等。

（五）贮　藏

石榴为中秋、国庆双节时令佳果，备受青睐。搞好保鲜、调节市场、提高差价，是果农致富的重要途径。

1. 满足石榴的贮藏要求

（1）**温度** 石榴贮藏的适宜温度为 $1 \sim 4.5\,℃$，$-1\,℃$ 即出现低温伤害症状。

（2）**湿度** 在温度适宜条件下，贮藏环境相对湿度应保持在 $80\% \sim 85\%$ 范围内，但湿度的调节以品种果实果皮含水量而定。

（3）**气体** 石榴是无呼吸高峰的果品，对环境中乙烯含量多少基本无反应。在 $3\,℃$ 条件下，空气中氧的合适浓度是 2%，二氧化碳的适宜浓度是 12%。

2. 贮藏用石榴的准备

（1）**选择品质** 优良、耐贮的品种如河南的蜜露软籽、蜜宝软籽，陕西的净皮软籽甜、临选8号，山东峄县软籽，四川的青皮软籽及突尼斯软籽等。

（2）**适期采收** 分期采收真正成熟的果实。

（3）**果实处理** 欲贮的石榴要经严格挑选，剔除病虫果和损伤果，堆置于通风空地 $2 \sim 3$ 天，经发汗、降温，用多菌灵、甲基硫菌灵等可湿性粉剂处理，再加入水果防腐剂浸果 1 分钟，捞出阴干，再放库中存放。

3. 贮藏方法

（1）**土法贮藏** 果量少可用土法贮藏，如井窖贮藏、坛罐贮藏、袋装贮藏，量大时可用土窑贮藏。

（2）**冷库贮藏** 利用不同类型冷库（机械制冷）贮藏石榴，可以有效控制库内温、湿度，是贮存批量石榴的先进保鲜技术。冷库有大型的，库容 $1\,000 \sim 3\,000$ 吨，但造价高、耗电多，一般果农望而却步。现在市场上出现了家庭小冷库，其制冷机已获国家专利（专利号：ZL201220209692.7），库体利用农村闲置空余房间（$50 \sim 110$ 米^3），可实现生产过程全自动精准控温、杀菌、加湿等诸多功能。此项目投资少（装修费万元左右，压缩机费等共 4 万 ~ 5 万元）、见效快、易操作，安装方便，插电即用。这种小冷库适合经济有限的果农，可使用电 220 伏/50 赫兹，也可用动力电 380 伏 /50 赫兹，随意选择，它可使果农摆脱采收季节压价的威胁，选择市场高价时出售，让果农丰产、丰收。

七、病虫害防治

（一）主要病害

1. 石榴干腐病

（1）**危害部位**　危害枝干及花、果。

（2）**防治方法**　①冬、春季刮树皮，石灰水涂干，收集越冬虫蛹和干僵果烧毁或深埋。②幼果套袋。③生长季（3月下旬至采前15天）喷 1∶1∶160 的波尔多液或多菌灵、甲基硫菌灵等杀菌剂 600～800 倍液。④休眠期喷高浓缩强力清园剂 500～600 倍液。

2. 石榴褐斑病

（1）**危害部位**　危害叶片和果实（图 5-3），病叶率高达 90%～100%。8～9月份大量落叶。

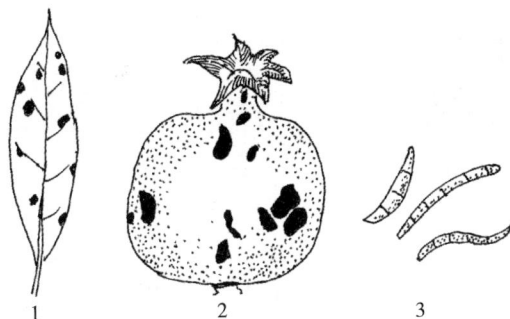

图 5-3　石榴褐斑病
1. 病叶　2. 病果　3. 分生孢子

（2）**防治方法**　同石榴干腐病。

3. 果腐病

（1）**危害部位** 果实发病率 20%～30%，采后和贮运中持续发生，损失严重。

（2）**防治方法** 果腐病病原菌有 3 种，褐腐病菌占果腐的 29%，酵母菌占 55%，其余为杂菌（以青霉和绿霉为主）。

①防治褐腐病 发病初期，连用 3 次 40% 多菌灵可湿性粉剂 600 倍液，7 天喷 1 次，防效 95% 以上。

②防治发酵果 主要是防治康氏粉蚧、龟蜡蚧等，5 月下旬至 6 月上旬，2 次施用 25% 噻嗪酮可湿性粉剂，每亩用 40 克。

③防治生理裂果 打 PBO，同前述。

4. 茎基枯病

（1）**危害部位** 1～2 年生枝条基部和 2～4 年生幼树茎基部染病，甚至可造成整枝和全树死亡。

（2）**防治方法** ①冬季刮树皮，后用石灰水涂干。②生长季喷 1∶1∶200 倍波尔多液，喷 2～3 次，每次间隔 20 天左右。

5. 枝枯病

（1）**危害部位** 苗木幼茎和 1～2 年生枝条染病，造成茎、枝死亡。

（2）**防治方法** 同茎基枯病。

（二）主要虫害

1. 桃蛀螟

（1）**危害部位** 该虫是我国石榴产区第一大害虫，主要危害果实。在河南，一般年发生虫果率达 70%，轻者 40%～50%，严重年份达到 90%，甚至一果不收。被害果腐烂、脱落或挂在树上，失去食用价值，损失极大（图 5-4）。

（2）**防治方法** ①冬春清园。刮老翘皮，清理枯枝落叶。搜集树上、树下僵果深埋。②清除果园周围作物秸秆，烧埋，消灭虫源。③果实套袋（细窗纱或塑膜袋，袋顶扎小孔），套袋前打

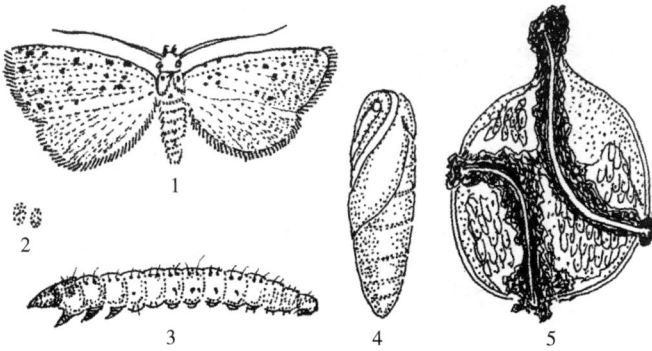

图 5-4　桃蛀螟

1. 成虫　2. 卵　3. 幼虫　4. 蛹　5. 果实被害状

1 次杀虫剂。④果园挂黑光灯或糖醋液碗，诱杀成虫。⑤果筒塞药棉或药泥。用直径 1～1.5 厘米的棉团蘸浸 2.5% 的溴氰菊酯乳油 1 000 倍液或 90% 晶体敌百虫 1 000 倍液，或用上述药液加适量黏土调成糊状做成药泥，在子房膨大期，将其塞入萼筒内，防治率可分别达 95.6% 和 83.2%。⑥药剂防治。在桃蛀螟第一、第二代成虫产卵盛期（6 月 20 日至 7 月 30 日）连续施药 3～5 次，90% 晶体敌百虫 500～1 000 倍液，或 50% 辛硫磷乳剂 1 000 倍液均可。⑦作物诱集。在石榴园内外，种玉米、高粱、向日葵等作物，每亩种 20～30 株上述作物，即可集中诱杀。

2. 桃小食心虫

（1）**危害部位**　主要危害果实。幼虫从果实萼洼周围蛀入果内，纵横窜食，在虫道内排粪，形成"豆沙馅"，不堪食用。该虫是大部分石榴产区的主要害虫（图 5-5）。

（2）**防治方法**　①挂诱芯应用桃小性信息素橡胶诱芯（水碗式诱捕器）诱捕雄蛾，1 个诱捕器 1 夜诱雄蛾 100 多头。②果实套袋这是防治该虫行之有效的措施。③地面防治在越冬幼虫出土前或出土盛期进行地面喷药，在树冠垂直投影内及其外围 30 厘米范围内，均匀喷药。梯田壁缝中也要喷药。亩用药量：50% 辛

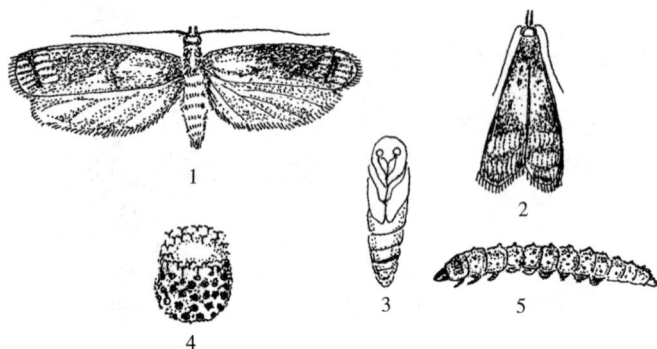

图 5-5　桃小食心虫

1、2 龄成虫　3. 蛹　4. 卵　5. 老熟幼虫

硫磷颗粒剂 5～7.5 千克或 50% 辛硫磷乳油 0.5 千克，与 50 千克细沙土混匀撒于树下地面上，或用 50% 辛硫磷乳油 800 倍液向树下土壤喷雾。④树上防治喷药时期在成虫产卵高峰前 4～5 天，产卵高峰后 6～7 天施药。具体喷药指标：调查桃小食心虫卵果率达 1%～1.5% 时开始树上喷药。药剂有 2.5% 溴氰菊酯乳油 3 000～4 000 倍液，或 20% 甲氰菊酯乳油 3 000～4 000 倍液，或 50% 除虫脲乳油 1 000 倍液。⑤人工防治。第一，覆农膜。在幼虫出土前，树盘内覆农膜，四边压严，将出土幼虫闷死在膜下。第二，缚草绳。在树干基部缠数圈草绳，诱集出土幼虫入内化蛹，定期对草绳检查排杀。第三，及时摘除病虫果，深埋。每 10 天摘除 1 次。第四，换土。结合冬春深翻施肥，将树盘内 10～15 厘米深土层翻入施肥沟内，生土撒于树盘表面，可将越冬幼虫深埋土中，将其消灭。⑥生物防治。第一，注意保护天敌。使用生物农药青虫菌或昆虫生长调节剂——除虫脲类，保护桃小甲腹茧蜂和中国齿腿姬蜂等。第二，利用线虫或白僵菌防治（浓度为白僵菌 2×10^{10} 孢子 / 米 ^{2}），或施用线虫 46 万～91 万条 / 米 ^{2}（2 亿条 / 亩），要求土温 22～28 ℃，土壤含水量 10%～16%。

第六章
SOD 桃生产配套技术

一、经济效益

2016年，我国桃树栽培面积已达1245万亩，产量达1350万吨，居水果业第四位，在北方落叶果树中，仅次于苹果和梨，为第三位。全国有20个省（区）种植桃树，生产桃的县、乡、村比比皆是，已成为当地脱贫致富的重要途径。近年观光旅游十分火爆，如举办"桃花节""蟠桃会""采摘节"等，为开发桃产业增添了生机和活力，桃园农家乐生意红火，为桃农致富开辟了新的途径。

（一）致 富 快

管理桃树要比苹果树容易，栽后第二年就能结果，个别果园能达到丰产，亩产1500～4500千克，可回收前两年的一切投资；第三年，亩产在5000千克左右，纯收益在万元以上，对于急于致富的桃农来说，是一条金光大道。

（二）出口创汇

我国鲜桃在国际贸易中所占份额不大，2008年我国鲜桃出口量2.62万吨，仅占世界出口量的1.67%，出口额为0.117亿美元。2010年我国鲜桃出口量增加5万吨左右，出口额为0.56亿

美元，出口对象是俄罗斯、哈萨克斯坦、越南、日本、泰国、新加坡及香港地区等。2007 年，我国桃罐头、桃汁、制干、果脯、蜜饯等出口量为 14.85 万吨，出口额达 1.285 亿美元，占世界桃加工品出口额的 14.3%，位居第二位。2017 年和 2018 年，我国桃罐头出口总量 12.60 万吨，出口额 1.44 亿美元，平均单价 1 145 美元 / 吨。

（三）新的经济增长点

1. 北京市平谷区 该地区至今已形成产业特色，发展桃园面积达 20 余万亩，亩产量在 2 500 千克左右，高者达 5 000 千克，已形成稳定的市场，远销国内外，其经济效益超过苹果。桃农早已借此脱贫致富，多数达小康水平。

2. 河北省遵化市兴旺寨乡 过去这里是板栗产区，亩产栗果 300 ～ 600 千克，经济效益不高。近年，由燕特果蔬种植专业合作社杨宝存等带头发展燕特红桃，逐渐形成规模，总面积已近万亩。桃幼树丰产园比比皆是，如张旭刚的 5 亩 2 年生桃园，亩产 4 500 千克，孙继云的 6 亩山地 3 年生桃园亩产在 6 500 千克左右。2015 年桃收购价每千克为 6 元左右，每亩纯收益一般在 2.5 万 ～ 3 万元。发展桃业生产已成为该地区新的经济增长点，受到各级领导的高度关注。

3. 其他桃产区 如河北省深州市、乐亭县，浙江省奉化市，山东省蒙阴县等地，桃产业蓬勃发展，已成为当地的支柱产业。

二、适生区概况

（一）适宜栽培区

在我国，桃主要分布范围在北纬 23° ～ 45°，北起黑龙江省，南至广东省，东起海滨，西至新疆（库尔勒）、西藏（拉萨），东南部台湾省均有桃的栽培。汪祖华等（1990 年）根据桃树分布现状和各地生态条件等，将桃树划分为 5 个适宜区和两个次适宜区。

1. 西北高旱桃区 此区是桃原产地，包括新疆、陕西、甘肃、宁夏等省（自治区）。

2. 华北平原桃区 此区包括秦岭、淮河以北广大地区，如辽宁南部，北京、天津、河北、山东、山西、河南、江苏和安徽北部等地。

3. 长江流域桃区 此区包括江苏，安徽南部，浙江、上海、江西、湖南北部、湖北大部、成都平原、汉中盆地。

4. 云贵高原桃区 此区包括云南、贵州和四川西南部。

5. 青藏高寒地区 此区包括西藏、青海大部、四川西部等海拔 3 000 米以上的高寒地带。

（二）国内著名产区

近年来，桃栽培面积逐渐增长，年增 5% ～ 12%。其主要经济栽培区在华北、华东各省，较为集中的产区是山东、河北、河南三省（表 6-1）。

表 6-1 2016 年我国桃主产省的产量和面积分布

地 区	面积（万公顷）	占全国种植面积比重（%）	产量（万吨）	占全国产量比重（%）
山东	11.31	13.28	293.58	20.55
河北	8.75	10.27	202.07	14.14
河南	7.86	9.23	127.8	8.94
湖北	6.84	8.03	97.36	6.81
陕西	3.86	4.53	78.78	5.51
山西	3.39	3.98	102.77	7.19
辽宁	2.52	2.96	57.97	4.06
江苏	4.87	5.72	63.47	4.44

其中，山东的蒙阴、肥城、青州、青岛，河南的商水、开封，河北的抚宁、深州、临漳，江苏的无锡、徐州、太仓，陕西的宝鸡、西安，甘肃的兰州、天水、秦安，浙江的杭州、奉化、宁波等地都是历史著名产区，特别是大城市郊区、矿区和旅游区附近，如北京平谷、天津蓟县、唐山乐亭、遵化，山东烟台，上海南汇等地，桃产量和面积都发展较好。

三、生物学特性

（一）生长习性

桃树树势强壮，能多次发生副梢，萌芽力和成枝力均较强，形成树冠快（表 6-2）。

表 6-2　河北遵化市燕特红桃树 1～5 年生树 *

树　龄	干周（厘米）	干高（厘米）	树高（厘米）	冠　　径		10 枝新梢平均长（厘米）
				东　西	南　北	
1 年生	11.8	39	2.2	1.5	1.5	70.8
2 年生	15.4	52.9	3.31	2.06	1.77	66.2
3 年生	17.5	72.6	3.13	1.51	1.4	59.1
4 年生	19.4	49.2	2.68	1.61	1.77	63
5 年生	23	43.9	2.83	1.62	1.93	69.7

* 表示不同园片 10 株树平均数值。

（二）结果习性

1. 栽植当年 在精心管理条件下，当年新栽桃树（如燕特红）就有个别单株结 2～3 个桃果。当年可发生十几个长果枝，

其上布满花芽，从基部第4～5节便着生花芽，中部多为复花芽，而且芽体饱满。

2. 栽后第二年　一般管理好的桃园都能在第二年开始挂果，高产园平均株产70～100个果，亩产可达2500～4500千克（表6-3）。

表6-3　2年生燕特红桃结果个数和亩产

园　名	单株果数（个）										总果数（个）	亩产（千克）
	1	2	3	4	5	6	7	8	9	10		
果金柱	97	74	75	70	74	95	33	74	86	108	836	2500
孟海潮	90	123	87	114	96	80	118	77	112	103	900	3500
张旭刚	126	74	81	93	122	112	79	109	63	96	965	4500

3. 栽后第三年　在河北省遵化市兴旺寨乡3年生燕特红桃树普遍进入高产期，亩产多在5000千克以上（表6-4）。

表6-4　3年生燕特红桃结果个数和亩产　（2015年9月）

园　名	单株果数（个）										总果数（个）	亩产（千克）
	1	2	3	4	5	6	7	8	9	10		
翟国合	131	97	109	131	101	102	109	102	124	112	1118	5000
孙继云	108	139	116	100	112	122	98	126	116	133	1170	6423
王　军	93	121	89	62	112	104	98	104	111	103	997	5100

4. 栽后第4～5年　栽后4年生和5年生树只有杨宝存一家有，其结果情况如表6-5所示。4年生和5年生分别亩产6500千克和6700千克。

表6-5　4年生和5年生燕特红桃结果个数和亩产 （2015年9月）

园　名	单株果数（个）										总果数	亩产
	1	2	3	4	5	6	7	8	9	10	（个）	（千克）
4年生园	150	142	95	113	120	133	130	116	99	134	1232	6500
5年生园	130	140	115	145	182	115	126	127	150	125	1355	6700

由表6-5中产量数字不难看出，在综合管理条件下，栽后树势健壮，枝量增长较快。树体成花容易，花芽饱满，栽后第二年便可进入丰产，燕特红桃亩产在2000千克以上，高者达4500千克，第三年大部分园亩产5000千克以上，第4～5年可稳产高产在5000～6000千克。

（三）对环境条件的要求

1. 温度　桃树对温度的适应范围较广。一般情况下，冬季能耐 -20℃的低温，当气温降至 -23℃时易生冻害，特别是在温度变幅大时，冻害更重。但桃树品种都有一定的需冷量，在0～7.2℃温度达500～1000小时，才能通过自然休眠，11月份至翌年1月份气温稳定在0.6～4.5℃最好。

适栽区年平均气温为12～15℃（北方品种群为8～14℃），4～6月份平均气温为19～22℃，花期气温为15～20℃，授粉期要求气温在20～25℃。

各器官抗晚霜能力是不同的，受冻临界温度：花蕾期为 -1.7℃，花期 -1～-2℃，幼果期 -1.1℃。采前，气温在25～35℃，日温差大于10℃，气候干燥，桃果品质高。在陕西省富平县，2016年10月上中旬天气晴朗，空气干燥，映霜红桃果个大（单果300克左右），着色好，风味浓，每千克售价9元，效益较好；而2017年，从10月1日开始，阴雨连绵，雾霾严重，桃果个小，果肉发软，着色不良，风味偏淡，每千克售价降为4元，效益剧降。

2. 水分 桃性喜干旱，怕水涝，当土壤田间最大持水量为20%～40%时，能正常生长；达60%～80%时最适宜生长；当降至15%～20%时，叶片开始凋萎；低于15%时，旱情严重，叶片脱落，果实萎蔫。

北方桃区，花期常遇干旱，花质差，坐果少。若新梢生长期干旱，则新梢短，落果多；若桃成熟前干旱，则果个小，品质差。所以，上述时期不能缺水，但灌水又不能太多，严忌大水漫灌，以中水、小水灌溉较好，让水分湿润到20～40厘米土壤就可以了。

3. 光照 桃树是喜光树种，在缺光严重时，枝细、不充实，而且死枝严重，发不出强壮新梢，花芽瘦小或有花无果，或果小质差，结果部位迅速外移，产量剧降。

一般在年日照1 200～1 800小时的地区，可以满足桃树生长发育需要。在日照率高达65%～80%的地区，裸露的枝干易患日灼，应留背上部的中、小枝组遮阴。摘袋后，特别是一次性摘袋时，常造成果面日灼伤。2015年9月10～16日摘袋的燕特红桃，桃果日灼率达10%～15%，若分为两次摘袋，可显著减少日灼造成的损失。

4. 土壤 桃树可在多种类型的土壤上生长，但最喜欢的是排水畅、土层厚的沙壤土。黏重土中桃树易患流胶病且停长晚，枝条不充实，易受冻害。瘠薄地上桃树生长弱、寿命短，果小质差。滩地桃园树体营养不良，果早熟，易患炭疽病和胴枯病。

桃树不耐盐碱，土壤含盐量在0.08%～0.1%时，生长正常；含盐量达0.2%时会出现黄叶、枯枝、落叶和死树现象。当土壤含盐量在0.13%时，桃树还能正常生长；超过0.28%时，桃树开始死亡。

桃树是浅根性、需氧量大的树种。当土壤含氧量达到10%时，根系生长正常；达5%时，根生长渐弱；达2%时，细根死亡。

5. 土壤pH值 桃树对土壤酸碱度（pH值）的适应范围为5～8.2，当土壤pH值达到8.2时，土壤酸化缺铁，易发生黄叶

病。土壤排水不良时，此病会更严重些。

四、高标准栽植

（一）园地选择

1. 地势高燥

（1）**山地、缓坡丘陵或台地** 通风良好，海拔高度适宜，树不徒长，树体紧凑，病虫害较轻，可实现优质高效栽培。

（2）**南坡或东南坡** 阳光充足，昼夜温差大，有利于果实增糖、增色和果面光洁。坡地建园要求坡度在 20° 以下，提倡生草和种草，不必整修梯田，也便于机械行走。

（3）**平地** 应选地下水位在 1 米以下、排水通畅的地块栽树，降雨量大的地方，应采用起垄栽培，同时做好排水设施，以防水涝。

2. 土壤条件

（1）**沙壤土** 这类土壤土质疏松，透气性好，土层深厚，最适合桃树发育。

（2）**黏重土壤** 这种土壤含水量大，通气性差，不利于根系呼吸作用。若遇雨季则易涝，烂根严重，树势弱，裂果重，不宜栽植桃树。

（3）**含盐量高的土壤** 桃树不耐盐碱，当土壤含盐量超过 0.14% 时，不能栽桃树。含盐量在 0.08%～0.10% 时，桃树能正常生长和结果。另外，土壤 pH 值 6～8 范围内可栽桃树，以 pH 值 7 为最佳区，pH 值 8 以上的地区不宜栽桃树，否则，黄化病严重。

（二）栽植壮苗

1. 砧木 通常选用山桃、毛桃或杏、李、扁桃作桃的砧木，

个别地区也有用栽培品种的实生苗作砧木的，各种砧木特性如下。

（1）**山桃** 抗寒、抗旱、耐瘠薄，不耐潮湿，极不耐涝，与桃品种嫁接亲和力好，适于东北和北部地区采用。

（2）**毛桃** 适应性强，既适于南方气候，又适于西北气候，桃品种与该砧木嫁接亲和力强，当年可出圃。

（3）**李** 该砧木的嫁接苗亲和力较强，但根浅、较耐涝。嫁接苗有"小脚"现象，有一定矮化作用，根系发达，耐旱、耐瘠薄，适于山岭薄地栽培。

（4）**品种桃种苗** 砧穗嫁接亲和性好，树势强，生长快，但抗逆性差，常因砧木变异使园貌不整齐。

应根据砧木特性和砧穗组合生长势及其抗性因地制宜选用苗木。

（三）苗 木

选用2年生一级苗木，其苗木标准：苗高1.2米，嫁接口上10厘米处的苗干直径0.8厘米，有5～6条好的侧根，侧根长度20～25厘米，并附有大量须根，嫁接口愈合牢固，无折伤、劈伤和大块破皮现象。

苗木应出自非重茬苗圃，否则易生根癌病。

（四）桃园规划设计

1. 小桃园 小桃园面积2～10亩不等，可因地制宜确定行向和株、行距，比较简单，不必搞总体设计。

2. 大桃园 大桃园面积几十亩至几千亩，若事先规划设计不好，则以后会产生很大的损失，其总体设计包括：①绘制平面地形图，并测定不同地块土壤养分含量，作为建园的重要参考。②划分小区，为提高土地利用率和便于田间管理，应将园块划分为若干作业区，小的10～20亩，大的100～200亩。③建设道路系统和排灌系统。④留出建筑物空间，包括办公室、机械库、

冷库、包装场、料库等。⑤建防护林。根据当地风向和风力建好主、副林带。

（五）定植前的准备

1. 改土　近年新栽桃树多实行密植栽培，株距由过去 4～5 米缩小到 1.5～2 米，不宜挖穴，用沟机直接挖定植沟，深、宽各 50～60 厘米。在平地采用起垄栽培，垄背高出地面 15～20 厘米，以利防涝。

2. 施肥　栽前施肥对获得早期丰产十分重要。有机肥要充分腐熟，每亩施优质农家肥 4～5 米^3，与土拌匀，有条件的先在沟底铺放一层玉米秸秆，其上放有机肥，一直填到距地面 30 厘米处，上铺 5～10 厘米表土，踏实或浇水沉实。在缺少腐熟有机肥时，可选用丰领冠牌有机肥料（内含氮、磷、钾≥5%，有机质≥45%），或龙飞大三元有机无机生物肥，或蒙鼎基肥，距地面 20～25 厘米处株施 2～2.5 千克。

3. 苗木处理

（1）**精细选苗**　将购置的苗木按高矮、粗细、根系数量及芽子饱满度等，严格分成一、二、三级，栽树时尽量选用一级苗木。

（2）**苗木处理**　把分级完成的苗木根系仔细修整，剪齐主、侧根毛茬；苗木副梢留 1 个次饱满芽重截，以利均衡发枝。

将修理好的苗木放入容器内或水池中，用药剂配成的水溶液浸 3 个小时。药剂通常用蒙鼎生物菌剂 1 千克/亩＋碧护 3 克/亩，每克碧护兑水 15 升，共兑水 45 升。

为预防根癌病的发生，再用 80% 乙蒜素 500 倍＋庆大霉素 500 倍，浸根 4 小时。

（六）高标准栽植

1. 拉线栽植法　用此法栽植可保证树行纵、横、斜三个方向均成一条直线，园貌整齐壮观，特别是大面积平地桃园。具体

做法如下。

（1）**拉线定点**　栽前，准备好钢尺（100米长）、木桩、白线绳、斧头等。操作时，先在每行的两头，距定植点外1米处，各钉好40～50厘米长的木桩，之后在两个木桩间拉紧一条白线绳，其他各行依次均拉好一条白线绳。最后，用钢尺定株距（钢尺几乎没有伸缩性，距离标准），沿桃园两边钉好株距木桩。

（2）**拉线栽植**　栽树时从地头开始，两人拉紧一条与行线垂直的横线，一般10～15行为1个单元。在横线与行线交叉点上，靠近地头的那面，距横线和行线各5厘米处栽树，每行由两个人负责，一人扶苗、提苗，另一人填土、踏实。当各组树都栽齐后，拉横线绳的两个人便向前移动到下一株。各组便开始栽第二株。之后，顺序栽到树行的那一端。栽完后，由负责人检查一下是否有个别株不在行上，否则应立即调整到位。这样，每个小区或单元都会自成一体。只要事先用钢尺测准株、行距，钉好木桩，即使有上百人参与栽树，也会有条不紊，桃园如同棋盘一般。

（3）**按标准程序栽植**　在栽苗过程中，先在定植穴的土墩上舒展根系，边填土、边提苗、边踏实。让嫁接口与地面相齐或高出地面5厘米左右（以后多施有机肥则会提高地面）。接着，在距树干30厘米处，顺行修田埂，高5～10厘米，以利浇水。有滴灌设施的桃园，可不必修田埂。

（七）栽后管理

1. 及时浇水施肥　浇水时，顺水加入金福牛·根乐康4千克/亩＋恶霉灵10克/亩，以杀灭土壤中的有害病菌，促进根系发育。

2. 定干　壮苗根系好、苗木粗、芽子饱满，可不定干；弱苗应在饱满芽处剪截定干，高度在80～90厘米为宜，伤口处涂人造树皮，以防风干。

3. 立支柱　浇水下渗后，在苗干的北面，插一竿（竹、木、

钢管均可），用粗绳呈"8"字形缚直苗干，以防风吹歪苗干和磨损树皮。

4. 套袋防虫　为了防止金龟子和大灰象甲危害刚萌发的嫩芽和幼叶，可在苗干上半部套一个细长塑料小袋，仅需把下部扎紧，上部扎小洞通风。这样可防止害虫钻入并能促芽早发，当芽子长出 3～4 片叶时，先撕开塑料小袋顶端透风，以防高温伤害。过些天，害虫危害期过后，便可取下小袋。

5. 铺地膜　覆地膜可以增温、保墒、抑制杂草，促进早发芽、快展叶、多长梢，提高成活率，一般能保证成活率在 95% 左右，全园桃树可达到"全、齐、壮"的要求，将为第二年丰产奠定可靠基础。铺膜时，要顺树行铺 1 米宽聚乙烯薄膜，注意在树干与薄膜穿透处堆一土堆，防止膜下热空气灼伤树干。

6. 苗成活后的管理

（1）4～5 月份　栽后半个月左右，已到 4 月下旬，成活的苗干开始发出嫩芽，不久就展叶、抽梢。此时要细致抹除苗干上近地面 60 厘米的全部萌芽，以集中养分供给上部的有用芽萌发抽梢。对距地面 60 厘米以上的萌芽，令其展叶、抽梢，待新梢长到 7～8 片叶时，对竞争枝进行摘心，对中央领导梢千万不要摘心，让它直立向上生长，处于优势位置。

（2）5～6 月份

①地面追肥灌水　亩追尿素 5 千克，每株穴施 4 个点，深 20～25 厘米，离树干 30 厘米远，以免烧根，追肥 2～3 天后浇水，有利于发挥肥效。

②喷杀菌剂　随叶量增加和病害加重，喷一次杀菌剂（甲基硫菌灵或氟硅唑 800 倍液），要求上午 9 时前和下午 4 时后喷布，以利于药剂吸收并不产生药害。

（3）5 月下旬至 6 月上旬　新梢约 20 厘米长时，重点防治蚜虫和梨小食心虫，喷 20% 啶虫脒 4000 倍液 +28% 甲氰·辛硫磷 1500 倍液＋微肥或磷酸二氢钾或 M-JFN 原粉（美国产）

1 000 倍液 +20% 叶枯唑 1 500 倍液。

（4）6～7 月份　随天气转热，湿度增大，病虫害加重，喷25% 灭幼脲 3 号 1 500 倍液 +1.8% 辛菌胺 400 倍液。旺壮树喷PBO，浓度为 100 倍左右，以利控梢促花。控梢效果差时，15～20 天后再喷 1 次，浓度同前。6 月下旬为促进新梢健壮生长，每亩施稀土多元螯合肥 50 千克，距树干 25～30 厘米，分 4～6 个点穴施，深度 20～30 厘米。

（5）7～8 月份　进入 8 月份后，天气炎热、雨量增多，枝条徒长，副梢大量增长，一定要再喷 1 次 PBO，浓度为 120～150倍，同时混喷 1 次钼肥（艾花硼 1 000 倍液），以利成花和枝条成熟。随时疏除主干近地面 60 厘米以下的萌蘖。

（6）8～9 月份　此期正值施基肥的好时机，土壤温、湿度适宜，断根愈合快，还能发生一些新根，多吸收营养，并有利于幼树安全越冬。基肥可用丰领冠牌生物有机肥、龙飞大三元有机无机生物肥或蒙鼎基肥等。每亩施肥量为丰领冠生物有机肥 150千克，龙飞大三元有机无机生物肥 120 千克，蒙鼎基肥 200 千克。在株间，垂直于行向，挖一条长 1 米、宽 40～50 厘米、深25～30 厘米的沟，将肥与土拌匀，3 天后浇水，沉实。

（7）10～11 月份　10 月份喷 1 次 0.2% 尿素 +"锐利 3000"1 000 倍液，增加树体贮藏营养，以利于树体、枝芽安全越冬。11 月份，树已开始落叶，进入休眠状态，视土壤墒情，浇 1 次封冻水。为防止抽条的发生，全树喷 1 次防冻剂，持效期长达 2个月左右。

五、土肥水管理

（一）土壤管理

当前，国内稀植或密植桃园，已不提倡清耕制，大都转为生

草制或覆盖制。

1. 生草制

（1）**优点** 保持水土、培肥地力、节省中耕除草用工，饲养害虫天敌，优化果园微域气候，增添桃园美景，促进桃果增产、优质，减轻生理病害等。

（2）**生草方式** 有自然生草和人工种草两种。当草层达到一定高度（30 厘米左右）后，可用人工或机械刈割，也可以在果园养鹅。每亩养鹅 20 只左右，不用人工和割草机，在一处吃草 1～2 天后，就转移到另一块丰草地，设工人管理。100 天左右，雏鹅可长到 4～5 千克，养鹅成本 30 元左右，1 只鹅纯利润 30～40 元。鹅是生物"割草机""施肥机"，可亩增氮肥 18 千克、磷肥 16 千克、钾肥 14 千克，有利于提高地力，增产提质，一举多得。

2. 覆盖制

（1）**优点** 能扩大根系分布范围，保土蓄水，减少蒸发和径流，稳定地温，提高土壤肥力，灭草免耕，有利于土壤动物和微生物活动，防止土壤泛盐，减轻落果摔伤，减轻某些病虫害，增加农村耕地，减少污染等。

（2）**覆草前的准备** ①精细整地，修平田面，修树盘，灌水后地面上再均匀覆草。②土层深厚、土质疏松的园块，一般不需深翻，整平地面，便可覆草。

（3）**覆草种类** 包括杂草、山草、作物秸秆、碎杂草等。春覆干草、夏覆绿草。

（4）**覆草数量** 树盘或树带覆干草 1 000～1 500 千克，绿草 2 000～3 000 千克；全园覆草，亩覆干草 2 000～3 000 千克，鲜草 4 000 千克；如果只覆树盘，草量仅为覆全园的 1/4～1/5 就够用了。

（5）**注意事项** 幼龄桃园宜树盘或树带覆草，密闭和行间不耕作的桃园应全园覆草。覆草厚度以 15～20 厘米为宜。

（二）施　肥

1. 桃树需肥特点

第一，桃树对氮、磷、钾吸收比例为 1 :（3～4）:（14～16）。每生产 100 千克桃果，需吸收氮、磷、钾的量分别为 250 克、100 克和 300～350 克。

第二，需钾量大，吸收钾量是氮量的 1.3～1.6 倍，果、叶吸收钾量是全树总吸收量的 91.4%。

第三，需氮量仅次于钾，叶片吸收氮量占全树总吸收量的一半。

第四，需钙、磷量也较多，叶片中钙含量约占全树总吸收量的一半。钙很难从叶片中流向果实，缺钙容易出现果实软顶和软沟（缝合线）症状，不耐贮运。

第五，各器官对氮、磷、钾的吸收量是有差别的，叶片为10 : 2.6 : 13.7，果为 10 : 5.2 : 24，根为 10 : 6.3 : 5.4。

2. 生物有机肥施肥量

（1）**2 年生树**　每亩施 200 千克生物有机肥，或每亩施 150 千克大三元有机无机生物肥＋6 米^3 腐熟有机肥，或每亩施 250 千克蒙鼎基肥，均在行间顺行开沟施入，与土拌匀，覆土封沟，2 天后灌水沉实。

（2）**3 年生树**　在 2 年生树施肥基础上，选用上述 3 种生物有机肥的 1 种，每亩均增加 150～200 千克，施法同上。

（3）**4～5 年生树**　各种生物有机肥每亩施肥量增至 400～500 千克，施法同上。

3. 追　肥

（1）**蒙力 28 果树专用肥**　是由原油腐殖质、黄腐酸、稀土、氨基酸、锌、铜、铁、硼、钙、镁等中微量元素及进口抗逆营养生长粒子物质经螯合而成；具有活性高、渗透性好的特点。

①**施用方法**　喷、涂树干：1 桶（10 千克）蒙力 28 可涂、喷

200 株幼树树干或 40 株大树树干。

②施用时期　花芽萌动后、花期前后、采收后至落叶前。

③注意事项　喷涂高度应达 1 米以上。在幼树上施用时，必须兑水 1 倍，以免灼伤树皮。当年剪锯口先涂上人造树皮后，再喷涂树干，以免灼伤树皮。气温 ≥ 25℃时，不宜涂喷树干，应改为根注或地面冲施。

④根注　通过管道，用药泵将蒙力 28 加 100～200 倍水注入树下 15 厘米土层中。大树扎 6～8 个孔，幼树扎 4 个孔，每孔停留 4 秒钟，2 小时即可完成 1 亩桃园根注任务。

⑤冲施　顺水冲施，每次每亩用 10 千克蒙力 28。

（2）**金福牛 718 液肥**　其作用是：对生理性小叶、卷叶、黄叶、矮化有明显预防作用；提高植株坐果率，提高药效，对冻害、病害、药害有极强的排毒解害作用。

使用方法：叶面喷施，每瓶加水 150～200 升，可喷桃园 1～2 亩。

（3）**高钙高**　为高活性螯合态钙，每升含钙高达 170 克，可与中性农药混用，可用于桃缺钙症（如软沟、顶软症）的预防。可增加果实硬度，延长贮藏期，增强果实抗病虫能力，减少用药量，减少缺钙症，增产提质。

使用方法：兑水 1 500～2 000 倍，叶喷，坐果后连续喷 3～4 次，每次间隔 10～15 天。

（4）**其他叶面肥**　喷布时期与次数：一般在花前、花后、硬核期、落叶前 10 天，共 4～5 次。使用浓度：磷酸二氢钾 0.2%～0.3%，硫酸锌 0.3%～0.5%，硼酸 0.1%，硫酸亚铁 0.2%。

（三）水分调控

1. 需水规律　桃树抗旱怕涝。生长期土壤含水量达 40%～60% 时，枝条生长正常、果品质量较高；当土壤含水量降到 10%～15% 时，枝叶出现萎蔫现象。

花期和果实第二膨大期为需水关键期。若桃园积涝1～3天，则出现黄叶、落叶和死树现象；若花期缺水，则花朵小，开花不齐，坐果差，幼果小而圆；若果实第二次膨大期严重干旱，则果个小并呈半萎蔫状。在年雨量500毫米以上地区，桃园基本上不需要灌水。在多雨地区，应采用起垄栽培，注意及时排水。

2. 灌水时期　一般掌握在萌芽至开花前、花后、硬核期和结冻前4个时期，采前不需灌水。

3. 灌水方法

（1）**漫灌**　用水量大、土壤易板结，多数桃园已不采用。

（2）**滴灌**　省水、及时、省工，正大力推广中。

（3）**水肥一体化管理**　省工、省肥、效果好，正逐步扩大使用面积。

4. 桃园排水防涝　①桃园要建在地势高燥处，防止积水。②采用起垄栽培。③雨季注意及时排水，避免涝灾发生。

六、整形修剪

（一）主要树形

1. 主干形

（1）**优点**　①适于密植，亩栽111～200株，行距2.5～3.5米，株距1.5～2米。②早期产量高。栽后第二年，亩产可达3000～4500千克，第三年亩产可达5000～6000千克，第四年至第五年，可达6000千克以上（图6-1）。③经济效益好。一般管得好的桃园，栽后第二年可收回全部投资并有一定盈余，第三年每亩纯收入可达1万～2万元，第四年和第五年每亩纯收入在2万元左右。④栽培周期短。一般10～12年1茬，有利于品种更新换代。⑤树体结构简单，整形容易，一看就懂，一学就会，容易推广。

图 6-1　燕特红桃 3 年生树株产 40 千克左右

（2）**树体结构**　干高 70～100 厘米，树高 2.6～3 米，中央领导干直立挺拔，其上均匀分布 20～30 个侧生分枝（枝组），上小下大，树冠下部直径 1～1.5 米，最大可达 2 米。侧生枝（枝组）开张角度 100°～120°，树冠上尖下宽，呈松塔形（图 6-2）。

（3）**整形方法**　栽后，定干高度 60～80 厘米。萌芽后，随时抹除苗干上距地面 50 厘米以下的萌芽。当新梢长到 50～60 厘米时，将侧生新梢用拉绳或拉枝器拉到 120° 左右。冬、春季修剪时，中央领导干不打头，令其直立向上；对竞争枝要摘心、疏

图 6-2　2 年生主干形桃树开花状

剪控制。1 年生壮苗，侧生枝可达 10～20 个，去除重叠枝、双生枝、病虫枝等，留下 10～15 个枝；2 年生树可分别为 25 个和 20 个左右枝，3 年生树分别为 30 个和 20 个枝，4～5 年生树分别为 35～25 个枝。在整形中，注意疏除低位粗大枝，让干枝比维持在 1:（0.5～0.3）。随树龄增长，要逐年提干到 1 米左右，以利通风透光和田间作业（图 6-3）。

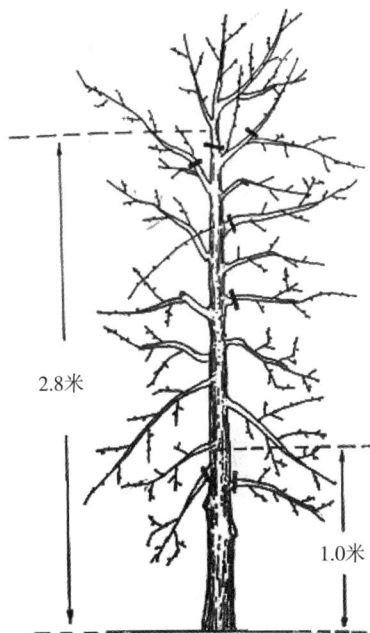

2.8 米

1.0 米

图 6-3　主干形桃树冬剪与提干

2. 两主枝开心形　两主枝开心形有两主枝自然开心形和"Y"字形两种。

（1）两主枝自然开心形　该树形适于平地，光照条件差，栽植密度大的桃园，尤其适于行宽株窄的密植桃园。

①树体结构　干高 40～60 厘米，树高 4 米，两主枝对生，其夹角 90°，向行间分布，每个主枝上直接着生背斜侧大、中枝组。

②整形方法　苗木栽后在 70 厘米处定干，50～70 厘米为整形带，在带内选两个对生、旺壮新梢作主枝，其分生角度为 40°～50°，朝向为正东和正西，与行向垂直。在主枝上不留侧枝，只留大、中枝组（图 6-4），大枝组宜留背斜侧枝为好。背上只能留中、小枝组，防止枝干日灼。

（2）"Y"字形　该树形为密植桃园和棚室栽培的主要树形之一。

①树体结构　干高 30～50 厘米，全树只有两个对生主枝，

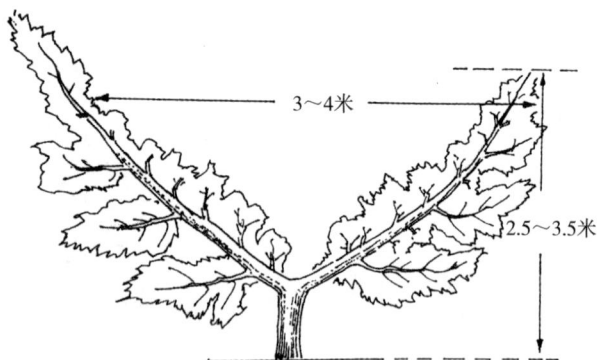

图 6-4　两主枝自然开心形

两主枝夹角达到 90°。树高 2.5～3 米，树冠交接率不超过 5%。每个主枝上着生 5～7 个大、中枝组。

②整形方法　芽苗栽后，新梢长到 40～50 厘米时摘心，促发副梢，从中选 2 个方向适宜、生长健壮、生长匀称的副梢，并使其保持 40°～50°角，而对其余副梢进行摘心控制。冬剪时，将预留的两个主枝剪留 60 厘米，其余大枝全部疏除。若定植成苗，则定干高度 40～50 厘米、新梢长达 30～40 厘米时，选留 2 个方向好、生长健壮的新梢作为主枝培养，对竞争枝摘心或疏除。冬剪时，主枝延长头剪留 60 厘米，疏除其余强枝，保持主枝生长优势。以后各年注意控制竞争枝、直立枝，保持主枝延伸方向和角度以及其优势地位，4～5 年可成形。

（二）修剪方法

近年，国内外桃树修剪手法已发生根本性变化，大多已不采用传统短截法，"枝枝必问"已经过时，而是改为"长枝修剪法"或称简易修剪法，以主干形为例，其剪法如下。

1. 基本剪法　对长果枝进行长放，让其结果后自动下垂，后部抽出更新枝，用强枝代头，提升枝组活力，这样有利于保持小的树冠轮廓。开始几年对中央领导干长放，当树高达

3.5 米时，便开始落头开心。落头后要严控顶端枝量，尤其要疏剪过多强枝，树冠下部要留下 1～2 个牵制枝，以便维持上下树势平衡。

2. 具体剪法

（1）**去低留高**　栽后定干 60～70 厘米，第一层枝离地太近，结果垂地，果实质量不高，同时不利于田间操作。所以，要逐年提干到 1 米左右。

（2）**控高**　树高超过 3 米，上部田间作业十分困难，同时有安全问题，一般 3～4 年生主干形桃树高度可达 3～4 米，应在 2.8 米处落头开心，同时要疏、缩上部过大枝组，保持树势平衡和结果稳定。

（3）**严控粗大枝组**　为保持中央领导干的优势地位，干枝比宜在 1∶（0.3～0.5）为好。每年冬剪时，要疏除 1～3 个粗大枝组，尤其是低位枝、竞争枝、直立徒长枝，注重保留从中央领导干上抽生的优良长果枝。

（4）**留足中、长果枝**　中、长果枝是桃树主要结果部位。长果枝可结 3～5 个果，中果枝可结 1～3 个果，短果枝留 0～1 个果，所以要多留健壮的长果枝，适当留中果枝，短果枝可以不考虑。

3. 修剪量　随树体逐年扩大，每年枝条修剪量略有增加，如 1 年生树为 0.8 千克/株，2 年生为 2 千克/株，3 年生为 2.2 千克/株，4 年生为 3 千克/株。

4. 单株修剪耗时　采用长枝修剪法，省工、快捷，笔者曾调查燕特红和晚秋蜜两个品种单株（10 株平均）修剪耗时：①燕特红桃树 1 年生为 2.8 分钟，2 年生 4.4 分钟，3 年生 3.9 分钟，4 年生 4.8 分钟。技术熟练者每天可剪 3～4 年生桃树 0.5 亩左右。②晚秋蜜桃树 1 年生树耗时 30 秒，2 年生为 1 分 22 秒，3 年生为 2 分 16 秒，4 年生为 3 分 9 秒。技术熟练者每天可剪 3～4 年生树 80～100 株。

七、植物生长调节剂与生物酶的使用

（一）SOD

2013 年，河北省遵化市燕特果蔬种植专业合作社对燕特红桃树喷了 7 遍 SOD 酶，经中国农业部质检中心检测，SOD 酶活性单位达到 138.82 单位 / 克，属国内最高范围内。

1. 使用效果 ①果个匀、商品果率高。②着色好，着色率可提高 25%～30%，果面光洁。③含糖量提高 0.3%～0.4%，果实硬度提高 20%～30%，口感甜脆。④水果增产 10%～15%。⑤抗病力提高，蚜虫危害减轻，叶片中叶绿素含量增加，抗寒力增强，冻害轻。

2. 施用方法和浓度 常用喷雾法，即将 SOD 粉剂配成水溶液，用喷雾器或弥雾机喷到树上，通过花托、果实、叶片和皮层吸收。喷布浓度 2 000～2 500 倍。

3. 施用时期与次数

（1）**第一年应用** 从花蕾期到套袋后均可应用。一般要求喷 5 次，即花蕾期、花后 1 周、套袋前、套袋后 3 周和摘袋前 30 天，各喷 1 次。

（2）**第二年应用** 喷布 3 次便可，第一次在套袋前 15～20 天，亩用量 100 克 SOD；第二次在摘袋前 50 天，亩用量 100 克 SOD；第三次在摘袋后，亩用量 60 克 SOD。

4. 注意事项 ①不能与碱性农药混用，但可与化肥混用。②喷前将酶粉用温水化开，再添足量水，达到要求浓度。③喷布时间以下午 4 时后为宜（最好晚间喷布），有利于吸收。④要求用雾化效果好的喷雾器喷布，切忌用喷枪。若喷后 6 小时遇雨，则雨后要补喷。

（二）PBO

1. 使用效果

（1）**枝条粗壮、花芽饱满** 甘肃省条山农场范学颜在艳光等3个品种桃树上使用PBO 5年，试验结果表明，喷PBO的桃树干周比对照每年平均递增0.4厘米，无副梢的中、长果枝增加40%；枝粗、节间短0.7～0.8厘米。另据黎宏涛报道，1年生大棚油桃，喷PBO的单株结果枝为26.4个，花芽517.6个，对照则为4.3个和20.3个。笔者调查，燕特红桃喷3次PBO后枝条粗壮，花芽饱满，能为栽后2～3年的高产奠定基础。

（2）**单果重增加** 据调查，中华寿桃单果重增长22%，双冠王油桃增重73%。

（3）**亩增产** 大棚早红珠油桃处理区的亩产2 660千克，对照1 638千克，增产62%。油桃3年试验，处理区为701.9千克，对照为248.1千克，增产2.83倍（范学颜，1999—2002年）。

（4）**改善品质** 据钦少华、张凤鸣报道，艳光桃可溶性固形物含量，PBO处理区为14.8%，对照区为12.2%，提高2.6%；早红宝石相应为19.2%和14.6%，提高4.9%。

（5）**着色好** 据孙高珂报道，中华寿桃处理区桃着色率达75%，对照区为47%，提高28%。

（6）**提高抗寒性** 据钦少华、孙凤鸣报道，山东省蓬莱市孙家庄孙光庆2亩3年生中华寿桃，其中1亩于2002年6月10和8月10日各喷1次100倍PBO，另1亩未喷作对照，2003年1月16～18日遇-9.7℃低温，对照园树体冻死绝产，而处理园安然无恙，亩产3 500千克。

（7）**抗晚霜危害** 2002年4月24日，山东省莱西市突遭晚霜危害，温度达-4℃，一般桃园基本绝产，而河里吴家乡一片8亩桃园，因2001年6～8月份喷了2次150倍PBO，树体健壮，竟躲过这场灾害，亩产2 500千克。

（8）**防裂果**　据孙高珂报道，中华寿桃在 PBO 区裂果率为 8%，对照区裂果率高达 36%，减少裂果 28%。

（9）**省工**　随喷药（非碱性）打 PBO，不必单打。因为 PBO 抑旺促壮、枝条短粗，所以可节省夏剪用工 3～5 个。

（10）**经济效益好**　用 PBO 处理更丰产优质，其产投比一般为 10：1 左右。

2. 使用方法　①为防花期晚霜危害，应于花蕾露红期喷 1 次 100 倍液 PBO。②幼果达玉米粒大小时和果实迅速膨大期各喷 1 次 120～150 倍液 PBO。③幼旺树，当新梢长到 20 厘米长时，喷 1 次 PBO，以后每 15～20 天喷 1 次 PBO，共 4～5 次；如果树特旺，可喷 100～120 倍 PBO，膨果期喷 250 倍 PBO。④1 年生旺长桃树，除 7～8 月份外，在 9 月上中旬，还应再喷一次 150 倍液 PBO。

八、花果管理

（一）疏蕾、疏花、疏幼果

1. 疏　蕾

（1）**时期**　开花前 4～5 天为疏蕾最佳时期。

（2）**方法**　用小棍或小竹片将花枝背上、背下的花蕾全部刮掉，只留两侧的花蕾，还要疏除弱小、畸形花蕾。一般长果枝留 6～10 个花蕾、中果枝留 5～6 个花蕾，短果枝和花束状果枝留 2～3 个花蕾、长果枝留中部单花蕾，中果枝留中前部花蕾，短果枝和花束状果枝留前部单花蕾。

2. 疏　花

（1）**时期**　初花和落花后均可进行。

（2）**疏花量**　一般疏除量在 50% 左右，坐果好的品种可疏除 70% 的花。每个长果枝留 6～10 朵花。人工疏花：1 人 1 天

可疏 0.5～1 亩桃树的花。

3. 疏 果

（1）**时期** 花后 10～15 天开始疏果。

（2）**留果量** 生产实践表明，留果过量，果小质差。

①干周法 2～5 年生燕特红桃树，一般按每厘米干周结 5～6 个果较合适。

②果枝法 据调查，燕特红桃的长果枝留 3～5 个桃，中果枝留 2～3 个桃比较适宜。

（二）套 袋

1. 套袋前准备 ①合理定果，按前述方法合理留果，由定果小组负责定果。②套袋前打一遍杀虫杀菌剂，可采用代森锰锌或 28% 甲氰·辛硫磷或 20% 啶虫脒等农药（浓度、剂量详见农药说明，下同）。

2. 套袋 ①选择当地常用的袋种，事先将袋弄湿，以便套袋。②在花后 25～30 天开始套袋，按适宜负载量套好果袋，余者全部疏除。

3. 摘袋、摘叶、铺银膜

（1）**摘袋** 采前 10 天左右，先撕开袋口捆扎物，抽掉果与果枝间的袋纸。摘袋后喷 1 次辛菌胺 400 倍液＋艾果钙 1000 倍液，以利于减少桃软沟病，增强桃贮藏性和延长货架期。

（2）**摘叶** 摘袋后要去掉果实周围的遮光叶，只去掉叶片，留下叶柄，果面着色度可提高 10%～20%。

（3）**铺银膜** 摘叶后，在行间顺行铺上幅宽 1 米的银膜并固定好，有利于果面着色，采前将银膜收起，备下年用。

九、病虫害防治

（一）主要病害防治

1. 桃细菌性穿孔病

（1）**农业防治**　采用小冠树形，通风透光、疏剪密枝。注意排水降湿，增施生物有机肥，增施磷、钾肥，控制氮肥。

（2）**化学防治**　萌芽后，全园喷 1 次高浓缩强力清园剂 500～600 倍液；5～6 月份连喷 2～3 次药，可用药剂为 1∶4∶240 倍硫酸锌石灰水溶液或细菌灵水剂 10 000～15 000 倍液。

2. 桃流胶病

（1）**农业防治**　增施生物有机肥，控氮增施磷、钾肥，排水防涝，修剪时少造伤口并加以保护，冬春树干涂白，预防冻伤和日灼伤。

（2）**化学防治**　早春发芽前刮病瘤，萌芽后喷高浓缩强力清园剂 800 倍液。6 月上旬、8 月上旬、9 月上旬用 2% 武夷菌素 800～1 000 倍液涂刷枝干。

3. 桃根癌病

（1）**农业防治**　改良重茬，忌重茬栽树。苗木用 K84 生物农药（30～50 倍液）浸根 3～5 分钟，再放到石灰液中浸 2 分钟。

（2）**病瘤处理**　用快刀切除根部病瘤，之后用 100 倍硫酸铜液消毒切口，还可用 80% 乙蒜素 1 000 倍液灌根，效果较好。

4. 桃黄叶病

（1）**农业防治**　增施生物有机肥或生草。

（2）**化学防治**　发芽前喷 0.3%～0.5% 硫酸亚铁溶液，生长季喷施螯合铁、海绿素等；土施翠思 1 号 20～30 克 / 株，7～8 天叶片返绿，一年一次，效果明显。

（二）主要虫害防治

1. 桃潜叶蛾

（1）**农业防治**　清扫落叶、烧毁。

（2）**化学防治**　成虫发生期可喷25%灭幼脲3号悬浮剂1 000～2 000倍液。

（3）**挂性诱芯**　每亩桃园挂15～20个性诱芯，从成虫羽化时开始挂出，有效期45～60天，有效距离30～40米。还可用频振式杀虫灯诱杀成虫，也比较有效。

2. 桃粉蚜、桃瘤蚜

（1）**农业防治**　做好清园工作，在行间种大蒜，可减轻蚜虫危害。

（2）**化学防治**　花期将桃蚜净在主枝上均匀涂一圈，2年生以下为10厘米，3～4年生为15厘米。1年涂1次即可，喷布药剂可用桃蚜净800～1 000倍液，或甲氰菊酯4 000倍液。

3. 桑 白 蚧

（1）**人工防治**　3月中旬至4月上旬用硬毛刷刷除在枝干上越冬的雌成虫。

（2）**生物防治**　保护和饲养草蛉、红点唇瓢虫、桑白蚧恩甲小蜂等天敌。

（3）**化学防治**　萌芽后，树上喷600～800倍液的高浓缩强力清园剂，幼虫出壳分泌蜡粉前喷施99.1%溴氰菊酯乳油200～300倍液，效果较好。

第七章
SOD 大枣生产配套技术

一、对环境条件的要求

(一)气 候

1. 温 度

（1）**生长期** 枣树喜温，发芽晚，落叶早，对温度要求较高。气温 13～15℃时萌芽动；17～18℃枝条迅速生长，形成花芽；日均温 20℃左右，开花；22～27℃盛花；24～25℃果实生长，至完熟，需 98～100 天。大枣要求积温 2 430～2 480℃，气温低于 15℃开始落叶。

根系在土温 7.3～20℃时开始生长，20～25℃生长旺盛，21℃时生长减缓，20℃以下停止生长。

（2）**休眠期** 枣树对低温适应性较强。–26～35℃可以安全越冬，这与品种类型等条件密切相关。

2. 湿度 枣树能耐多雨高温和少雨干旱的气候。南方年降水量 1 000～1 500 毫米条件下，枣树正常生长；北方降水量 100～600 毫米的地区也能正常产枣。果实成熟期降雨量大，会形成裂果，即丰产不丰收现象。

枣树比较抗涝。若淹水不超过 2 个月，还能获得丰收，但高温死水会使树干脱皮致死。

3. **光照**　枣树叶小，喜光，其光补偿点在3 000勒左右。树冠光照强的部位坐果好、品质佳。所以要选光照充足的阳坡、通风透光的树形，以及适当的株、行距建园。

4. **风**　枣在生长期中抗风力差。春季花期若遇4级以上大风则影响授粉和坐果，花期中后期多大风，会吹落果枝，造成大量落果。所以，要选花、果生长期风力小的地方建园。

（二）海　拔

枣树垂直分布很广，在高纬度的东北、西北、内蒙古地区，多分布在海拔200米以下的丘陵、平原和河谷地带；在低纬度的云贵高原，枣树栽植在海拔1 000～2 000米的山丘坡地。在华北和西北个别地区，枣也可分布在海拔1 000～1 800米的地区。

（三）土　壤

1. **适应土壤类型多**　除重黏土外，砾质土、沙质土、壤土、黏壤土和黏土、酸性土、碱性土都能适合枣树栽培。

2. **土壤pH值**　枣树抗盐碱能力就强，能在pH值5.5～9的土壤中正常生长。

二、枣树区划

枣树栽培面积大，目前划分为两个栽培区，即南方栽培区和北方栽培区，分界线在年均温15℃等温线、降水量为650毫米左右的地区。

（一）北方栽培区

1. **黄河中、下游枣区**　该区域是我国枣起源地，栽培历史悠久，面积最大，产量最多（约占全国总产量80%以上），自然条件优越，海拔较低（200～600米或以下）；年降水量450～

600 毫米，雨季在 7～9 月份；气候温暖，夏季温度较高，7 月份均温 28～29℃，枣成熟期，温差较大、土壤肥沃。枣区分布于河流冲积地带和浅山丘陵区，包括河北、河南、山西中南部、陕西中部。此枣区品种资源丰富，品质优良。

2. 黄土高原丘陵区 海拔较高（600～800 米），气候干旱，年降水量 380～400 毫米，多集中在秋季；夏季（7 月份）气温平均在 24℃，土层深厚（几十米以上），肥力较低，管理较粗放。主产区是山西西北部和陕西东北部黄河沿岸。本区栽培品种少、品质稍差，但抗逆性强。

3. 甘宁干旱地带河谷区（温带干旱区） 枣区北部边缘地带，海拔 1 000 米以上，土壤贫瘠，年均温较低（10℃左右），年雨量 200～300 毫米。该区主要分布在沿河地带，品种少、管理粗放、分布零散、果品质量较差、干制率低。

（二）南方栽培区

1. 江淮河流冲积土区 属北亚热带，气候温暖。7 月份均温 28℃，年降水量 700～1 000 毫米。栽培零散，面积不大，管理粗放。此区包括江苏、安徽、湖北北部等地。产量不多，品质较差。

2. 南方丘陵区 此区气温高，7 月份均温度 28℃，雨量充沛，年降水量 1 000～1 200 毫米，地形复杂、土壤较黏、偏酸性、管理较细、产量较高，是南方区的中心地带，如安徽南部、浙江中西部、江苏南部、湖南西南部及广西东部。此区品种不多，但高度纯化，产品主要用于加工。

3. 西南高原区 属南方边缘地，海拔高（1 000～2 000 米或以上），气候凉爽；7 月份均温 25℃，年降水量 800～1 200 毫米，日照较差，土壤黏重、酸性。此区仅有 200 年栽培史，数量少、品种单纯，栽培水平低，品质不良。如贵州西部等县。

此外，福建省福州市、四川省万县、江西省分宜县、辽宁省葫芦岛市，以及大连、青海等地也都有小面积栽培，但栽培品种少，管理较粗放。

三、栽植模式

（一）平原稀植枣园

1. 枣粮间作园

若树势较强，树体较大，土肥水条件较好，则行距 12～15 米、株距 4～5 米，亩栽 9～13 株。

若树势中庸，树体中大，土肥水条件中等，则行距 9～10 米、株距 4 米左右，亩栽 16～19 株。

若树势较弱，树体较小，土肥水条件较差，则行距 7～8 米、株距 3～3.5 米，亩栽 23～33 株。

2. 平原密植纯枣园

若树势较强，树体较大，则行距 6～7 米、株距 5 米，亩栽 19～22 株。

若树势中庸，树体中大，则行距 5～6 米、株距 4 米，亩栽 27～33 株。

若树势较弱，树体较小，则行距 4～5 米、株距 3 米，亩栽 44～55 株。

3. 计划密植园　株、行距：2 米×3 米或 3 米×4 米，亩栽 55～111 株。

（二）丘陵坡地枣园

为保持水土，提高枣树生产效益，研生产实践已研究出治理丘陵坡地的好办法——隔坡水平沟法。其修建方法：根据地形、地势、水势流向，按坡距 5～6 米测出等高线，开挖水平沟，规格有四种：深 1 米、宽 0.8 米；深 0.8 米、宽 1 米；深 0.7 米、宽 0.8 米，但以深 0.8 米、宽 1 米为宜。回填土时，沟底先铺一

层作物秸秆，厚 15～20 厘米。沟深 0.8 米者，回填熟土 0.6 米。熟土按株施 40 千克腐熟有机肥 +1 千克磷肥，混匀，分层踏实。栽树后，树的成活率高，早期产量好。该模式是黄土高原丘陵山区旱坡地栽枣树的最佳模式。

（三）丘陵梯田枣园

1. 栽植密度

（1）**小冠、鲜食品种** 株、行距 3 米×4 米，亩栽 55 株。

（2）**中冠型品种** 株、行距 3 米×5 米或 4 米×5 米，亩栽 33～44 株。

（3）**大冠型品种** 4 米×5 米或 4 米×6 米，亩栽 28～33 株。

2. 栽植位置

梯田面宽度为 4 米以下的条田，树栽在梯田外缘 1/3（距外缘 1.2～1.5 米）处；梯田面宽度在 4 米以上的，可采用三角形交错栽植。

地塄高度 1 米以下的，可栽在塄下；地塄高度在 1 米以上的，可直接栽在塄上。

梯田栽树有利于提高栽植成活率和树的正常发育。

（四）酸枣嫁接大枣枣园

各地酸枣资源十分丰富，多年来，利用野生酸枣嫁接大枣已成为枣农发家致富的重要途径之一。笔者曾在陕西省宝鸡县天王镇孙李沟村，搞酸枣接大枣，接活 6 万多株，为全村脱贫致富起了重要作用。技术要点如下。

1. 立地条件选择 ①荒山、沟坡、崖塄、石缝、地边、路旁，均能健壮生长。②多种土壤，如沙土、沙壤土、壤土、黏土、酸性土、碱性土均能适应。③分布面广，在北纬 30°～42° 的广大地区均有分布。

2. 品种选择 ①选用适应当地生态条件，抗逆性强、抗旱、耐寒、耐瘠薄的品种。②选用制干和兼用品种。

3. 砧木选择　①酸枣树生长势强，地上部 5 厘米处主干径粗在 1 厘米以上。苗木顺直，无病虫害。②留株密度：每株周围有 3～4 米 ^{2} 或 1.5～2 米 ^{2} 的空间。

4. 接穗选择

（1）**母树**　生长正常，无病虫害。良种植株，品种纯正。

（2）**接穗采集**　1 年生枣头中上部，或生长充实、枝径 0.6 厘米以上的二次枝均可。但要注意接穗保湿，采集时间以深休眠期为宜。即春季 2～3 月份，萌芽前为宜。

5. 嫁接时期　春、夏、秋三个季节均可进行。北方地区因接法不同，而选在不同时期：①劈接：春季 3～4 月份，离皮前进行。②皮下接：4～5 月份，砧木离皮后进行。③带木质芽接：以 5～6 月份为宜。④芽接：7～8 月份，砧木、接穗离皮时进行。

6. 嫁接方法　春季以皮下接较好，应用也较多。此法简单，技术易掌握，嫁接成活率高（90% 以上）。

7. 嫁接后管理　①及时除萌。②及时解袋、解绑。③绑枝棍，防风吹折、吹劈。④枣头摘心，即枣头 70 厘米长时进行摘心。⑤加强综合管理，如搞好土肥水管理，花期喷促花坐果剂和微肥，高温期为防止焦花而喷水，果园放蜂，枣果在黄豆粒大小时喷布 PBO 等。

（五）城　郊　区

为节约用地，提倡密植，株、行距 2 米×3 米或 3 米×4 米，亩栽 55～111 株。也可采取计划密植的办法。

（六）四　旁

在村旁、宅旁、路旁、水旁均可栽植，可供绿化、美化、观赏、食用。树干可留高些（大于 1.2 米），树冠可矮些，便于游人采摘。四旁栽枣树多为零星栽培，栽植株、行距灵活掌握，树

形多种多样，品种应是供观赏和生食之用。

四、高标准栽植

（一）选用壮苗

苗木质量直接关系到栽植成活率和当年生长状况。生产上应该全部采用品种纯正、根系发达、无检疫病虫害（无枣疯病、介壳虫等）的一、二级苗木。①根据苗高和基部干粗（地面以上 5 厘米处干的直径）来分级：一级苗苗高 1.2 米以上，基径 1.5 厘米以上；二级苗苗高 1～1.2 米，基径 1～1.5 厘米。②根据根系发育情况分级：一级苗苗高 1.2～1.5 米，基径 1.2～1.5 厘米，根系发达，具直径≥2 毫米、长≥20 厘米的侧根 6 条以上；二级苗苗高 1～1.2 米，基径 1～1.2 厘米，具直径≥2 毫米，长≥15 厘米的侧根 6 条以上。

（二）栽植时期

1. 春栽　1 月份均温低于 -8℃ 的地区，以萌芽前或萌芽时最好；无灌溉条件地区，可于雨季栽植。

2. 秋栽　1 月份均温高于 -8℃ 的地区，既可春栽，又可秋栽。

（三）栽前苗木处理

为提高苗木成活率，栽前多用 ABT 3 号生根粉处理，溶液浓度为 50 毫克/千克。也可用碧护溶液处理，浓度为 1 克药兑 15 升水。将根部在上述溶液浸泡 10～20 个小时，不但让苗木充分吸收水分，药剂有刺激生根的作用。

（四）定植点的确定

用拉线栽植法确定，具体参考石榴部分。

（五）栽植技术

①定植穴（沟）深、宽各 60 厘米。②施足有机肥（充分腐熟），每穴（株）40 千克、磷肥 1 千克，踹实、浇水。③栽植深度。埋土深度应比苗木原入土部位高出 5 厘米左右，待浇水后土壤下沉，正好和苗木原入土深度相一致。栽得太深，不利发苗；栽得太浅，易受旱，固地性差。④栽后浇水对提高成活率十分重要。⑤浇水后覆膜可以显著提高成活率，发芽期可提前 12 天左右。

五、土肥水管理

（一）土壤管理

枣园土壤管理内容复杂，其中有改土、水保工程、深翻、深耕、中耕、生草、覆盖、间作等。具体见前述，此处重点介绍枣粮间作。

1. 行向　以南北较好，其采光量比东西行多 13%。

2. 密度　以枣为主的，枣树行距以 6 米为宜；以粮为主的，枣树行距以 15 米为宜；枣粮兼顾的，则以行距 8 米为宜。

3. 适当控树高　在 6 米以内，干高应在 1～1.5 米。

4. 树冠通风透光　光照要适宜，科学管理，做到枣树和作物生长结果两不误。

5. 选好间作物　间作物物候期要与枣树错开，具有株小、耐阴、生长期短、成熟早的特点。如麦类、豆类、芝麻等。

（二）合理施肥

1. 施肥时期

（1）基肥　9 月份至 11 月中旬（土壤封冻前）施用基肥，但以 9 月份枣果采后早施为最好。这时土壤温湿度适宜，枣树断

根愈合快，并能发出新根。树体吸收营养贮备于体内，为其越冬和翌春开花、结果奠定物质基础。

（2）**追肥**　在生长期间均可进行。①花前追肥，有利于成花、坐果。②幼果期追肥可减少落果。③果实膨大期追肥可增大果个、减少裂果、落果。

2. 施肥方法

（1）**基肥**　沟施，如环状沟施、放射沟施、短沟施、穴施、撒施等。

（2）**追肥**　方法有叶面喷施，地面浅施，沟施，施肥枪根注，树干涂、喷，树干输液等，可分别在萌芽后、花前（后）、坐果后、果实膨大期、花芽分化期进行。具体方法可参照前几章相关内容。

3. 施肥种类

（1）**基肥（必须腐熟）**　①农家肥，包括各种家畜、家禽肥。②绿肥、草肥等。③草木灰。④各种工厂化生产的生物有机肥，如蒙鼎基肥、龙飞大三元有机、无机生物肥、盈丰佳园高效活性有机菌肥等。⑤经过无害化处理的城市垃圾等。

（2）**追肥**　①各种大量元素（氮、磷、钾）、中微量元素及复合肥。②有机无机复合肥，如蒙力28高级果树专用肥（内含精品原油腐殖质、黄腐酸、氨基酸、稀土及锌、铜、铁、硼、钙、镁等中、微量元素、果树新型生物调节剂、抗逆营养生长粒子物质等）。

4. 施 肥 量

（1）**合理确定施肥量**　施肥量要根据树龄、树势、肥料种类、果量、土壤肥力等而定。科学地讲，应根据枣叶分析数据确定标准施肥量。数据表明，每生产100千克鲜枣，全年需施纯氮1.5千克、五氧化二磷1千克、氧化钾1.3千克。其中，有机肥应占总肥量的1/4左右。

（2）**枣园基本施肥量**　1～3年生树，每年株施肥量：有机肥 10 千克左右、三元复合肥 0.05 千克、尿素 0.05 千克；4～5 年生树，每年株施肥量：有机肥 20 千克左右、混过磷酸钙 1 千克左右、尿素 0.2 千克左右；6 年生以上树，每年株施有机肥 50 千克左右，追肥三元复合肥和尿素各 0.25 千克左右。

为了追求高产稳产，一般所施基肥应是鲜枣产量的 2 倍，即生产 1 千克鲜枣，要施 2 千克基肥。

施肥要讲究科学、经济、合理，中南林学院对 13 年生枣树株施肥方案为氮肥 0.531 千克、磷肥 0.833 千克、钾肥 0.299 千克。

（3）按物候期施肥

①萌芽期至花期　结果大树每株追速效氮肥 0.5～1 千克。

②花后幼果发育期　每株施复合肥或专用肥 1～2 千克。

③叶面喷肥　展叶期至开花期，可喷 0.3% 左右的尿素液；幼果发育期至果实着色前，可施 0.2%～0.3% 的磷酸二氢钾溶液。每 15 天喷 1 次，连喷 2～3 次；采果后，喷 1 次 0.4% 的尿素，以增加树体营养贮藏。

（三）科学灌水

1. 灌水时期

为了确保大枣增产、优质，应在关键期灌水。

（1）花前灌水　从萌芽期至开花期浇透水，可防止焦花，提高坐果率。

（2）幼果速长期　浇水可促进细胞分裂和果个增大。

（3）果实膨大期　7 月下旬至 8 月上旬结合追肥浇水，大枣可提质增效。

（4）休眠期（冬灌）　土壤结冻前浇水，可对树体起到防旱御寒的作用。

2. 灌水方法　根据当地情况和果园设施条件，可采用地面灌（树盘灌、沟灌、畦灌、低压输水管道灌）、喷灌、微灌、滴灌等方式浇水，充分保证水分供应。

3. 灌水量　一般要求灌水量的标准是能渗透到 60 厘米深根系集中分布区即可。

4. 抗旱保墒　这方面干旱、丘陵山区有丰富经验。如：①修筑水平梯田；②修筑隔坡水平沟；③打旱井、修水窖、接纳雨水；④修建鱼鳞坑；⑤地面（树盘或全园）覆盖地膜或秸秆。具体可参考前几章相关内容。

六、整形修剪

（一）主要树形与整形方法

1. 小冠疏层形

（1）树体结构　干高 50～70 厘米，主干直立，全树有主枝 5～6 个，分 3 层排列；第一层 1～2 个主枝，第二层 1 个主枝。各主枝上不设侧枝，直接着生枝组。树体成形后，树高 2.5 米左右。该树形优点为树体小、成形快、光照好、负载量大、易丰产，修剪方法简单，地下管理方便。

（2）整形方法　在距地面 50～70 厘米处，选 3 个角度好（基角 45°～60°）、长势强的 1～3 龄枝培养第一层主枝，其长度 1 米左右；在第一层主枝以上 70～80 厘米处选 1～2 个强壮枝作第二层主枝，长度小于第一层主枝；在第二层主枝上 50～60 厘米处选 1 个强枝作为第三层主枝。在三层主枝上直接培养枝组，第一层以大枝组为主，枝组交错分布，通风透光，树高达 2.5 米时，落头开心（图 7-1）。

2. 自由纺锤形

（1）树体结构　干高 50～70 厘米，全树有 1 个中央领导干，有 10～15 个小主枝，小主枝上小下大，互不重叠；树形上弱下强，冠径 2 米左右，树高 2.5 米。此树形生长势强，成形快，通风透光，修剪方法简单易学，枝组分布合理，树体小，单位面积产量高，地下管理方便。

（2）**整形方法** 定干高度 0.8 米，在距地面 50～70 厘米处，选择角度大、长势好的 1～2 个枝条，自下而上培养小主枝，角度拉到 60°～70° 角；当新枝长到 6～8 个二次枝时，进行摘心。中心干萌发的新梢长到 8～10 个二次枝时，对不作小主枝的萌梢进行摘心和抹芽，小主枝间距要大于 20 厘米。在正常管理情况下，3～4 年可基本成形（图 7-1）。

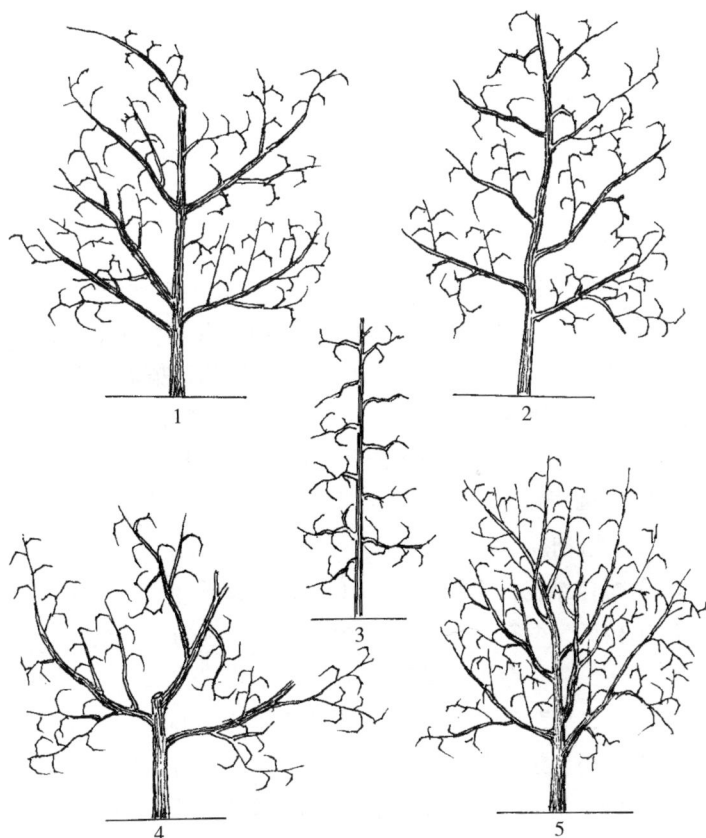

图 7-1　枣树各种树形

1. 小冠疏层形　　　2. 自由纺锤形　　　3. 单轴主干形
4. 开心形　　　　　5. 自由圆头形

3. 单轴主干形　该树形适于干性较强的枣树品种。树体结构：干高 50 厘米左右，树高 2～2.5 米，中央领导干直立健壮，其上直接着生 8～9 个枝组，分布均匀，没有侧枝。树干越往上枝组越小，下部每个枝组上留 6～7 个二次枝，上部每个枝组上留 5～6 个二次枝。3～4 年成形，呈主干形，圆柱形、圆锥形。其优点是成形快、结果早、易管理、通风透光、便于采摘（图 7-1）。

4. 自然圆头形

（1）树体结构　此形无明显的中央领导干，在主干上错落着生 6～8 个主枝，各自向外斜方向延伸。每个主枝上着生 2～3 个侧枝，树冠顶端由中心枝和最上主枝处落头开心。树高 3～4 米，主枝分布无明显层次，树冠较开张，冠体大，枝量多，产量高，成形快。

（2）整形方法　栽后 80 厘米处定干，距地面 50 厘米以上的二次枝均从第二个结果母枝处剪截，促其抽生 4～5 个主枝，主枝角度为 40°～60°。中央领导梢长至 80 厘米时摘心，其余各主枝均在 60 厘米处摘心。翌年，对中心干上的二次枝进行短截，促生新枝；生长期内，根据空间和着生方位进行摘心；冬春时节，分情况进行短截，促生结果母枝，培养结果枝（图 7-1）。

5. 开 心 形

（1）树体结构　全树只有主干，无中央领导干，在主干上只留一层主枝 2～4 个，开张角度 30°～45°，在每个主枝上，留外斜侧枝 1～2 个。在主、侧枝上均匀分布各类枝组，树冠开心，光照充足，5～7 年成形，全树留结果母枝 3 000～3 500 个。该树形中等大小，适于长势较强的品种。

（2）整形方法　栽后距地面 50 厘米处定干，留 4～5 个二次枝，然后全部疏除。对萌发的发育枝，留 3～4 个斜生的二次枝，其余全部疏除。翌年春，对预留的 3～4 个主枝，在距主干 80 厘米处短截，斜生发育枝角度要控制在 45°～60°（图 7-1）。

（二）各年龄时期修剪要点

1. 幼树期

（1）**树形培养**　早春发芽前，对定植当年和翌年的幼树进行定干，定干高度40～80厘米。随后，将剪口下的第一个二次枝疏除，以利于主芽萌生枣头，形成中央领导枝。然后，选择3～4个二次枝各留1～2节进行短截，促发枣头，培养基部主枝；对第一层主枝以下的二次枝应全部疏除。

（2）**主枝培养**　定干后第二年选一生长直立健壮的枣头作中央领导枝，在其下面选3～4个方位好的作为第一层主枝，其余枝皆疏除；第三年，中央领导头在60～80厘米处剪截，并疏除剪口下的第一个二次枝，利用主芽抽生新枣头，继续做领导枝。然后，再选和第一层错落着生的2～3个二次枝，各留2～3节短截，以培养第二层主枝（开心形不用第二层主枝）、依此培养第三层；主干形上无层次，用刻芽促生新枝、枣头，拉平成枝组。

（3）**枝组培养**　在主、侧枝中下部培养大枝组，当枣头达到一定长度后，及时摘心，促其下部二次枝加粗生长。生长势弱的枣头，可缓放一年，在主、侧枝中上部培养中枝组；生长太弱的枣头，可培养成有3～4个二次枝的小枝组，安排在大、中枝组间。多余的枣头应疏除。

2. 初果期　此期正值树冠扩大，树形逐渐完成期，此时修剪应以疏、截、缩和培养为主，按照"四留五不留"原则进行修剪。

（1）**"四留"**　即留外围的枣头、枣骨干枝上的枣头、有发展空间的枣头、结果能力强的枣头（含有大量二次枝和枣股）。

（2）**"五不留"**　即不留下垂枝和过弱枝，细弱的斜生枝和垂叠枝，病虫枝和枯死枝，位置不当和不充实的徒长枝、轮生、交叉、并生枝等。

（3）**培养好各类枝组**　在树干扩展期，对骨干枝枣头继续短截，扩大树冠时要合理配合各类枝组，使树冠丰满而不密。

3. 盛果期　枣树盛果期长达40～50年，产量高、效益好。此期树形已经稳定，但生长势减弱，枝组渐衰，结果外移，要注意枝组培养与更新，疏缩外围，打开光路，延长结果年限。

（1）**间伐**　对计划密植园，按计划间伐临时株，以打开光路，便于行间操作。

（2）**疏枝**　为改善内膛光照，冬、夏季应加强疏密修剪，即疏除过密大枝、及层间直主枝、交叉枝、重叠枝、枯死枝、徒长枝、细弱枝等。

（3）**缩剪**　对主、侧枝变弱弯曲者，应将其回缩到后部良好分枝处，对衰弱的枝组要细致回缩更新，保持树老枝不老状态。

4. 衰老期　枣树一般在80～100年生时才进入衰老期。因此，树势衰弱，枝体不全，果实产量、品质下降时，可通过重更新重新形成树冠，恢复产量。具体剪法如下。

（1）**回缩更新**　根据有效枣股的数量，缩掉骨干枝总长度的1/2～2/3，促生新枣头，培养新骨架。

（2）**培养新枝组**　骨干枝更新后会发生许多新枣头，本着去弱留强、去直留平的原则，调整枣头位置、姿势和密度。同时，通过摘心、撑拉等方法培养新枝组。

七、保花保果技术

（一）枣头摘心

枣头摘心是一项简而易行、行之有效的提质增效技术，已在全国推广。北方枣区，在6月上旬（初花期至盛花期）枣吊生长期内，枣头摘心可使吊果率明显提高50%～100%以上。

枣头摘心的轻重，应根据枣头生长情况而定；空间大、生长

强旺者，一般留 5～6 个二次枝摘心；空间小、长势中庸的，一般留 3～4 个二次枝摘心；生长势较弱的枣头可留 2 个二次枝摘心，或在二次枝以下留 5～7 厘米强摘心；对木质化和半木质化枣吊也要适时摘心。

（二）木质化枣吊生产技术

1. 技术来源 笔者在河南省灵宝市工作期间，系统总结了当地枣农董保峰、李国英等生产木质化枣吊的经验，在灵宝市获得科技进步二等奖，对当地枣业生产发展起了一定推动作用。

2. 木质化枣吊的意义

（1）**早实丰产** 一般非木质化枣吊平均坐果 2 个左右，产量不高，而木质化枣吊一般坐果 7～10 个，多者达 20 个左右，单枝产量为 0.5～1 千克，全树有 20～45 个枣吊，株产可达 500 千克以上，2～3 年生树亩产可达 1 000～1 500 千克，盛果期树可达 3 000 千克左右。这在一般生产条件下是少见的。

（2）**果大质优** 一般枣吊结的大王枣，单果重在 15～20克；木质化枣吊单果重可达 50～70 克，最大达 90 克左右，增重 2～3 倍，而且口感好，松脆多汁，甜度大，颇受消费者欢迎。

（3）**防干旱** 枣树花期常遇干旱和沙尘暴，普通枣吊开花期短（15 天左右）坐果少、果个小，当年产量得不到保证，而木质化枣吊生长期长达 2 个月（6 月至 8 月中旬），有几十个叶节（20～30 多个），每节坐果 1～3 个枣，全枝结果呈蒜串状。

（4）**防裂果** 一般年份，特别是易裂果品种，果实裂果率达70%～80%；而木质化枣吊裂果率只有 15%～20%，可减轻裂果率 80% 左右。

（5）**耐贮藏** 木质化枣吊上的枣达到完熟期比普通枣吊上的枣要晚 1 个月左右，在一般室温条件下，可贮至元旦前后，比普通枣吊的枣延迟贮藏期 1 个多月。

（6）**营养集中供应** 生产木质化枣吊的枣树需要重剪，去掉

全部多年生弱枝（含枣股），只剩下几个骨干枝头。春夏季逼出大量旺、壮枣头，通过摘心才能逼出木质化枣吊来。

（7）**经济效益好**　一般修剪枣园，鲜枣亩产在几百千克，产值 1 000 元左右；而木质化枣吊园亩产多出 2 000～3 000 千克，亩产值在万元左右，高者达 2 万～3 万元。

3. 技术简单易学　冬春重剪，夏季枣头摘心。骨干枝上留枣头基部几个隐芽，疏除各年生的二次枝和枣股。夏季枣头留 3～5 节摘心，当年二次枝发出 5～6 节时，再对二次枝留 3～5 节摘心。之后会从枣股部位抽生出木质化枣吊。技术一看就懂，一学就会，利于推广。

4. 配套技术

（1）**加强肥水管理**　采收后，沟施腐熟早粪（或鸡粪）4 米^3，与土混匀，内掺果树专用肥，株施 1～1.5 千克；萌芽前和花前分别追施氮肥（亩）15 千克；8 月份，地面沟施大三元复合肥 15～20 千克；施肥后浇水，全年浇水 3～5 次；结合喷药，根外追肥 7～10 次。春季萌芽后，在树干上涂蒙力 28，兑入 1 倍水，或涂氨基肥均可。

（2）**土壤管理**　提倡行间生草制，每年刈割 2～3 次，将割下的草覆盖于树盘或树行上，以增加土壤有机质，树皮保湿防裂和稳定地温、保护根系。

（3）**病虫害防治**　全年喷药 7～10 次，保护果实和树体。

（三）环　剥

该技术已在我国沿用 2000 多年，是一项重要的保花保果措施，一般可增产 50%～70%，好果率提高 70% 左右，果实含糖量提高 10% 左右。

1. 开甲时期

（1）**盛花初期**　即枣吊开花量占总蕾数 30%～40% 时为宜。

（2）**不同时期开甲的效果**　据河北省石家庄所试验，发芽后

（4月份）环剥，坐果率增加 108%～187%；蕾期（5月份）环剥坐果率可增加 335%～412%；盛花期环剥，坐果率增加 536%。另据河北省果树所试验，阜平大枣盛花期环剥后增产 268%，幼果期环剥增产 211%。因此，正确选择环剥时期十分重要。

2. 环剥方法

（1）**环剥部位** 初次环剥部位在主干上距离地面 20～30 厘米处，以后逐年向上，环剥口间距 3～5 厘米，直到树干分枝处，再从下向上环剥，也称"回甲"。

（2）**环剥注意事项** ①加强肥水管理，特别要在环剥后及时浇水，增产显著。②幼树要适时环剥，在干径 10～15 厘米时开始环剥，老树要停止环剥。③剥口宽度因树势而异，旺树宜宽。④环剥口要及时保护。环剥后，剥口处要扎塑料条或涂泥保护。

（四）喷水与灌水

北方枣区，花期遇干旱或严重干旱时，常发生焦花现象而影响坐果。

1. 喷水 一般在下午 4 时以后，甚至夜间，一般年份每 2 天喷水 1 次，共喷 3～4 次。严重干旱年份，要适当增加喷水次数。喷水可与喷叶面肥、PBO、农药结合进行。

2. 灌水 土壤灌水也可增加坐果率，可因地制宜，选择合适的方法进行灌溉。

（五）枣园放蜂

花期放蜂（蜜蜂、授粉壁蜂）是增加坐果、提高产量和质量的有效措施。蜜蜂一般每公顷枣园放 2～3 箱蜂便可。壁蜂每亩枣园放 100～200 头，但要学会相关的提高蜂回收率的技术，一般回收率是放蜂量的 6～7 倍。

（六）植物生长调节剂的使用

1. 喷施 PBO

（1）灰枣 据河南省新郑市城关乡毛升明报道，新郑市有 10 万株灰枣，因坐果太少，基本绝收，损失数亿元。之后引进 PBO（江阴市植物促控剂研究所生产），并做了 PBO 梯度试验，于盛花期喷 300 倍、500 倍、800 倍、1 000 倍和 1 500 倍液。试验表明，300～800 倍液的 PBO 有烧花现象，1 000 倍和 1 500 倍液的 PBO 均有提高坐果率（2%）作用，单果重增加 20%，亩产干枣 536.25 千克，亩产值高达 12 870 元，而对照仍基本绝收。最后认定 1 500 倍为中选浓度。

（2）冬枣 山东省沾化市王哲奎试验，PBO 的使用方法：花前 2～10 天，喷 PBO 500 倍液，结合盛花期环剥，每 10 天喷 1 次清水，连混喷 3 次赤霉素，在果实膨大期（第一次）喷 PBO 300 倍液；采前 55～60 天，旺树喷 300 倍液，中庸树喷 400 倍液。

使用效果：①延迟花期，避开降雨，授粉时期推到 6 月中旬。②提高了枣树坐果率，使枣吊粗壮有力，防止采前落果。③提高品质，大枣糖分高、色光亮、不裂果、耐贮性强。④效益高，每千克冬枣售价可提高 1～2 元。

另外，喷施 PBO 时，不能与碱性农药混喷，可与化肥、营养剂混喷，效果更好。

在徐州市贾汪区青山泉镇花庄冬枣园，蔡景于 2000 年承包村里 200 亩冬枣，由于缺乏科学管理，当年开花多，结果少，亏了本。2001 年，他用了 PBO，使用方法：花前喷 800 倍液 PBO，7 月上旬喷 1 次 300 倍液的 PBO，当年结果累累，4 年生冬枣亩产 2 200 千克，亩产值 3.4 万元，总收入 700 万元左右，减去投资的 30 万元，净收入 650 万元，产投比为 600∶1。

2. 赤霉素（920） 喷布时期以初花期和盛花期为最好。喷

布浓度为 10~20 毫克/升。坐果率可提高 50%~100% 或以上。注意事项：①不宜与酸、碱农药和肥料混喷。②药剂配好后随配随用，一次用完，不宜久施。③喷布时间以上午 9 时前和下午 5 时后为宜，喷后当天遇雨及时补喷。④喷布次数，一般年份喷 1 次即可。遇干旱年份，花期宜喷 2~3 次，每隔 5~6 天喷 1 次。

3. 微量元素 花期喷硼酸钠（硼砂）300 毫克/千克，或喷硫酸亚铁、硫酸锌，浓度均为 300 毫克/千克。坐果率均比对照提高 1~2 倍。

八、病虫害防治

（一）主要病害

1. 枣疯病 全国大部分枣区均有发生。

（1）危害部位 危害花器返祖，幼叶、茎等变成细弱丛生状，并一直挂留在树上。

（2）防治要点 ①及时清除枣疯病树、病枝、病根、疯叶等。②加强综合管理，增强树势，抗高树体抗性。③防治传病昆虫。中华拟菱纹叶蝉和凹缘菱纹叶蝉等是病害主要传播昆虫，可喷药防治。④枣园周围不要种植松柏和泡桐树，园内不要种芝麻。10 月份，叶蝉向松、柏树转移后至春季叶蝉向枣树转移前，往树上喷杀虫剂，降低传播概率。⑤用树干输液法防治效果较好，所用药剂包括国产土霉素、四环素及进口土霉素（韩国产）、祛疯 1 号、祛疯 2 号等。轻病树用药 1 次，2~5 年不发病，重病树连续防治 2~3 年才有效。用药浓度为 1%；用药量一般轻病树为 500 克/株，中等病树为 1 000 克/株，重病树为 1 500~2 000 克/株。治愈率 75%~87%。

2. 枣 锈 病

（1）**危害部位** 叶部主要病害，全国大部分枣区均有发生，造成叶片早落，严重影响产量和品质。

（2）**防治要点** ①清园，减少菌源。②合理间作，做好修剪工作，改善果园光照条件，减轻病害。③北方枣区，7月上旬发病前，喷1:2:200倍波尔多液。危害严重时，喷25%三唑酮可湿性粉剂1 000～1 500倍液。

3. 枣缩果病（褐腐病）

（1）**危害部位** 果实主要病害之一，病原尚不清楚。在枣白熟期发病。

（2）**防治要点** ①清园，减轻病源。②加强综合管理，增施有机肥，合理间作，翻压绿肥等。③萌芽前，喷高浓缩强力清园剂500～600倍液。7月下旬至8月上旬，枣果白熟期，喷农用链霉素100～140单位/毫升或土霉素140～210单位/毫升，或琥胶肥酸铜可湿性粉剂（DT）600～800倍液。

4. 枣果霉烂病

（1）**危害部位** 危害果实。采收期、加工期和贮藏期发生严重，不堪食用，损失很大。

（2）**防治要点** ①采收过程中，严防造成机械伤。②采后及时烘干处理。③贮前严格剔除病虫果和机械伤果，放入低温、通风处。

5. 裂 果 病

（1）**危害部位** 若近熟期遇雨，则裂果率高达50%～80%。裂果后再受其他病菌侵染，果实大量腐烂，造成巨大经济损失。

（2）**防治要点** ①果实成熟前，要保持土壤水分稳定。合理修剪，保持树冠通透，有利于雨后果面迅速干燥，减少裂果；后期适当增施钙、钾肥；对易裂品种提前至白熟期采收。枣园修台田防枣园积水。有条件的可在采收前搞避雨设施。②7月下旬开始，叶面喷布400倍氯化钙＋0.2%磷酸二氢钾水溶液，效果较好；从果实膨大期开始喷施氨基酸钙 1 000 倍液，每 10～20 天 1 次。以上药剂也可与喷农药相结合，节省用工。

（二）主要虫害

1. 桃小食心虫

（1）**危害部位** 幼虫在枣果内枣核周围蛀食，被害果内充满虫粪，提前变红、脱落，严重影响产量和质量。

（2）**防治要点** （同前几章相关部分）。

2. 枣瘿蚊 又称枣蛆、枣芽蛆、卷叶蛆。

（1）**危害部位** 幼虫危害嫩叶，叶内卷呈筒状。幼虫在卷叶内吸汁危害，使被害叶呈黑褐色，最终枯萎、脱落。

（2）**防治要点** ①秋翻树盘，消灭越冬蛹，压低虫口密度。②地面覆膜，抑制成虫出土。③喷药。4 月上旬，成虫羽化前，地面喷 25% 辛硫磷乳油 1 000 倍液，消灭越冬幼虫。④5 月上旬，第一代幼虫危害期，喷 25% 杀虫螟 1 000 倍液。

3. 枣粘虫 又称卷叶虫、贴叶虫等。

（1）**危害部位** 全国大部分枣区均有发生，主要危害嫩芽、叶、花、果，是枣树主要害虫之一。

（2）**防治要点** ①刮皮堵洞。冬春刮老树皮，用水泥堵树洞，刮皮后涂白，可消灭 80%～90% 的越冬蛹。②秋缚防虫带。9 月上旬，第三代老熟幼虫化蛹前，在主干或主枝基部缚防虫带或草圈。③用杀虫灯诱杀。④用性诱剂诱杀。3 月上中旬开始，每亩枣园，在树冠外缘据地面 1.5 米处挂 1 个性诱盆，用铁丝穿一诱芯，盆内放 0.1% 洗衣粉水溶液，诱芯距水面 1 厘米。每天下午，定时检查诱蛾量。⑤第二、第三代成虫产卵期，每株释放3 000～5 000 头赤眼蜂，或在幼虫期喷 200 倍青虫菌。⑥药剂防治，同枣尺蠖。

4. 山楂叶螨（山楂红蜘蛛）

（1）**危害部位** 该螨是危害叶片的主要害虫。6～8 月份干

旱时节危害更加严重。

（2）**防治要点**　①冬春刮树皮，集中焚毁。②萌芽后，树上喷 600 倍高浓缩强力清园剂。③麦收后，喷 1.8% 阿维菌素乳油 4 000～6 000 倍液。④8 月上旬，在树干上绑缚诱草或诱虫带，冬季解下烧毁。

第八章

SOD 葡萄生产配套技术

一、新优品种介绍

（一）夏黑葡萄

别名黑夏、夏黑无核，中早熟。特点是早熟，无核，高糖低酸，香味浓郁，肉质细脆，硬度中等（在欧美葡萄品种中算比较硬的）。嫩梢黄绿色，有少量茸毛。幼叶浅绿色，带淡紫色晕，叶片表面有光泽，叶背密被丝状茸毛。成龄叶片特大，近圆形，叶片中间稍凹，边缘凸起。叶5裂，裂刻深，叶缘锯齿较钝，呈圆顶形。叶柄洼矢形。新梢生长直立，1年生成熟枝条红褐色。两性花。果实味道香甜可口，微微发酸，皮紧粘果肉，可不吐皮。夏黑是我国市场上最为好吃的葡萄品种之一。

（二）A17（东方星）

欧亚无核品种，平均穗重500克，最大穗重1 200克。果粒鸡心形，单粒重5.6克，处理后可达10克左右，紫黑色至蓝黑色，含糖量21%～26.4%，果肉硬脆，有牛奶香味。4月中旬萌芽，5月底开花，7月下旬着色，8月中旬成熟，采收期可延长到霜降。属中熟品种。

（三）阳光玫瑰

又名夏音玛斯卡特。中熟。亲本是安芸津 21 号和白南。平均单穗重 500 克，最大单穗重 1000 克。果粒重 10～12 克，绿黄色，坐果好，易栽培。肉质硬脆，有玫瑰香，可溶性固形物 20% 左右，品质优。不裂果，耐贮运，没有脱粒现象。抗病，可短梢修剪。外形美观，可大面积推广。该品种品质极好。

（四）A09 无核葡萄（黑美人）

牛奶与皇家秋天杂交育成，属欧亚无核品种。A09 是外观漂亮、品质极好的高档品种，穗重 700 克，最大 1500 克，果粒长椭圆形，果粒着生中等紧密，单粒重 7.5 克，经奇宝处理后 10～12 克，果皮紫黑至蓝黑色，含糖量 21%～26.5%，果肉硬脆，可切片，多汁，出汁率达 91%。果柄长、耐贮运，不裂果、不落果。具牛奶香味。中熟品种，可在袋内着全色，适合观光采摘。

（五）金田美指

欧亚种。牛奶与美人指杂交选育而成的晚熟葡萄新品种。果穗成圆锥形，无歧肩、无副穗。果实鲜红色，粒重 9～11 克，穗重 500 克，果粒长椭圆形，果肉硬脆，可溶性固形物含量 18%～20%。8 月底可上市，树挂时间长，可延迟到 10 月中旬采收。色泽呈鸡血红色，外观美，品质好，抗日灼，抗性极强。枝蔓的成熟度等方面均优于美人指。可连年丰产。

（六）户太八号

此种是从欧美杂交品种奥林匹亚芽变中选育的鲜食兼加工的品种。根系发达，生长和萌芽力强，冬夏早熟芽成花力强，1 年可开 5 次花，成熟 3 次果，亩产量 2000 千克，采收期为 7 月中旬至 10 月中旬。穗重 600～1000 克，单粒平均重 10.4 克，最大

粒重 18 克，含糖量 17%～21%，含酸量 0.5%，果粉厚，果皮中厚，紫黑色，每果 1～2 粒种子。果穗成熟后可树挂 1 个月，采摘后货架期为 7～8 天。对霜霉病、灰霉病、炭疽病表现较强抗病性。

二、出土与上架

（一）出土上架前准备工作

1. 整理架面　①扶正倾斜、松动的立柱。②拉紧横铁丝，更换断、锈的铁丝。③清除上一年的绑缚材料。

2. 施好基肥　①施肥入沟（防寒沟）。②将腐熟的有机肥施入沟中下部，与表土混匀。③亩施农家肥 4 000～5 000 千克，拌过磷酸钙 75～100 千克。

（二）出土上架

1. 出土时间　土壤化冻，气温在 10℃以上，根层土温稳定在 8℃，树液已开始流动时。

2. 出土　要保护枝蔓不受损伤，有霜害地区分 2 次撤土。

3. 上架　幼树出土后放几天，待芽眼萌动后再上架；盛果期树出土后，抓紧时间上架，将枝蔓在架面上摆匀。

4. 绑缚　主要是将主、侧蔓和结果母枝绑牢。采用"8"字形或"猪蹄扣"引缚。

5. 扒老皮、清园　绑好枝蔓后，及时扒除老翘皮，用高浓缩强力清园剂 600～800 倍液消毒。

（三）土肥水管理

1. 追肥　大树亩施尿素 20～25 千克，配合少量磷、钾肥，用量占全年 10%～15%。沟施、穴施均好，深度 10～15 厘米，之后覆土盖严，浇 1 次透水。

2. 中耕 施肥后进行一次全园中耕，深度 10～15 厘米。

3. 搞好覆盖 最好用秸秆材料覆盖。

三、萌芽至新梢生长期管理

（一）抹芽与定枝

1. 抹芽时期 第一次在萌芽初期，第二次在首次抹芽后 10 天左右。

2. 定枝时期 在展叶后 20 天左右，新梢 15～20 厘米长时进行。

3. 抹芽方法 第一次抹芽主要抹除主干、主蔓茎部的潜伏芽，方向和位置不当的芽，以及双生芽、三生芽中的副芽、弱芽、过密芽，使每个节位上留下一个好主芽。第二次抹芽，主要是抹除萌芽晚的弱芽、无发展空间的夹枝芽、母枝基部的弱芽和部位不当的不定芽等。

4. 定枝法 疏除无用枝，如徒长枝、过密枝、过强枝、过弱枝、下垂枝、病虫枝等。在棚架整枝时，强、中、弱树势分别每平方米留 8～10 个、12～15 个和 20～25 个新梢。疏梢、定梢要灵活掌握，密处多疏，稀处少疏。强母枝多留，弱母枝少留。长母枝上留 2～3 个梢；中、短母枝上留 1～2 个梢。

（二）花序管理

这是一项合理负载、提质增效的重要技术环节。

1. 疏花序 从花序伸出至始花期完成疏花序工作。

（1）**留序数** 大穗大粒品种，壮枝留 1～2 个序，中庸枝留 1 个序；延长枝、细弱枝不留序；对小穗品种可适当多留。

（2）**花序选择** 先疏弱树、弱枝，后疏强树、强枝；弱者多疏少留，强者少疏多留。留下的花序要大而充实，花柄粗壮。

2. 花序整形　在花序分离至开花前进行细致的花序整理工作。花序整形工作可在花前 5～7 天与疏花序同时进行。

（1）**疏副穗**　对花序太大、副穗明显的品种，应去除副穗。

（2）**掐穗尖**　大、中型花序，如无核白鸡心、红地球、黑大粒、里扎马特、秋红、森田尼无核、秦龙大穗等除了去副穗外，还应剪去花序前端 1/4～1/2 处，使果穗呈圆锥形或圆柱形，穗轴长度保持 15～20 厘米，均匀分布 10～15 个小穗轴。小型花序品种，一般要适当掐去穗尖，而不需要去小穗轴。

对巨峰来说，应只掐去全穗长 1/5～1/4 穗尖，再从上部剪掉 3～4 个小穗轴。对于藤稔、京亚等品种，经赤霉素处理后，应保留花序顶端 3.5～4 厘米果穗，坐果后再疏粒，使果穗达到 500 克左右。这样有利于提高外观，高价销售。

（三）摘　心

1. 结果枝摘心　①落花落果严重的品种（玫瑰香、巨峰系等），一般在花前 4～7 天至初花期摘心。一般在花序以上保留 4～5 片叶。②坐果率高的品种（无核白鸡心、红地球、藤稔、金星无核等），在花序上保留 5～7 片叶摘心。一般掌握强果枝多留叶、弱果枝少留叶的原则。

2. 发育枝摘心

（1）**生长期小于 150 天的**　细弱、中庸、强旺新梢，分别留叶 6～7 片、8～10 片和 10～12 片。

（2）**生长期为 150～180 天的**　细弱、中庸、强旺新梢，分别留 8～10 片、10～12 片和 12～14 片。

（3）**生长期大于 180 天的**

①干旱地区　细弱、中庸、强旺新梢，分别留叶 8～10 片、10～12 片、12～14 片。

②多雨地区　细弱、中庸、强旺新梢，分别留叶 10～12 片、12～14 片、14～16 片。

3. 延长枝摘心

（1）**生长期短（北方）地区** 宜在 8 月上旬前摘心。

（2）**生长期长（南方）地区** 宜在 9 月上中旬摘心，以利枝条成熟越冬。

4. 副梢处理

（1）**结果枝副梢** 抹除花序下面的所有副梢，花序以上、顶端 1～2 个副梢留 3～4 片叶反复摘心，其余副梢留 1～2 片叶摘心。

（2）**发育枝上副梢** 最顶上的副梢留 3～4 片叶反复摘心，其余梢全部从基部掰除。

（3）**延长枝上副梢** 可留 5～6 片叶摘心，以培养结果母枝，其上若再发副梢，则留 1～2 片叶反复摘心。

通过上述处理，使结果枝上保持 14～20 片正常叶。

（四）花序、果穗处理

1. 花序拉长剂

（1）**应用品种** 红地球、无核白鸡心等，花序小，坐果好。

（2）**应用效果** 有利于花序整形，增强穗重和产量，并能减少疏果用工。

（3）**使用方法** 萌芽后 20 天，开花前 7～15 天，新梢 6～7 片叶时，用 5 毫克 / 千克的赤霉素浸蘸或喷布花序。

2. 葡萄无核剂

（1）**树体选择** 选壮树、壮枝、果粒紧密适度的树。

（2）**使用时期与浓度** 无核剂主要成分是赤霉素。使用时期为花前 15 天至花后 15 天，喷穗。具体选在上午 10 时前和下午 3～4 时。药剂浓度为 10～200 毫克 / 千克。

（3）**注意事项** 用药前先做小型试验，取得成功后再推广。用得不好会使穗轴拉得过长，穗梗硬化，易出现脱粒、裂果等现象。赤霉素不溶于水，选用酒精或白酒溶解后再兑水稀释到所需浓度。采用浸蘸或喷布花序法较好。

（五）去卷须

在人工栽培条件下，卷须已是无用器官，易造成枝蔓混乱，不利于管理，同时也浪费树体营养，应随时除去。

（六）土肥水管理

从萌芽到开花期，不搞全园深翻，只挖深沟或穴进行追肥。行间结合除草进行中耕，耕深 5～10 厘米，生草园用割草机刈割，尽量不用除草剂。旺树少施氮肥或不施氮肥，展叶后，开花前每 7～10 天喷 1 次叶面肥（0.2% 磷酸二氢钾、0.2% 硼酸、0.2%～0.3% 尿素等），连续 2～3 次，间隔 10～15 天。天旱时，10～20 天灌 1 次小水。

四、开花坐果期管理

第一，树体管理。新梢长到 40～50 厘米时，将其绑缚到架面上均匀分布；继续进行定枝、去卷须、摘心、副梢处理及花序管理等作业。

第二，土肥水管理。此期不进行土壤翻耕和灌水，可以继续进行叶面喷肥，肥料、浓度同上。

五、果实发育期管理

（一）新梢管理

此期新梢、副梢生长特旺，除摘心外，还要做好绑缚、去卷须等细致工作。摘去衰老叶，以便集中营养，促进果实着色。在果穗附近留些遮光叶片防日灼。

（二）果穗管理

1. 抖穗　落花后 1 周左右，在疏果前将每个果穗抖一下，抖掉花冠、发育差的果粒。

2. 顺穗　即将朝天穗或夹于枝条、叶柄、绳索、铁丝间的果穗全部顺到架下面，呈自然下垂状。

3. 定果穗　在坐果后（绿豆大小）进行此工作，适宜负载量：

$$单位面积果穗数＝单位面积产量÷（平均穗重×1.2）$$

$$每株留穗量＝单位面积果穗数÷单位面积株数$$

一般亩产量控制在 1 500～2 000 千克。要留下大果穗、穗形好的穗，去掉穗形松散、穗形较差、果粒不均匀的果穗。

4. 疏果粒

（1）疏粒时期

①第一次　果实长到绿豆粒大小时疏粒。

②第二次　果实长到黄豆粒大小时疏粒。

③易形成无核小果的品种　能分辨小果、无核果时疏粒。如巨峰要求在盛花后 15～25 天完成疏粒工作，玫瑰露在花后赤霉处理后立即进行。所有品种应在花后 30～35 天完成疏粒工作。

（2）疏粒方法　疏除小穗轴；疏除果粒；疏除小穗轴＋疏除小果。

（3）疏除标准　要根据品种及成熟时标准穗重、穗形等进行疏粒。一般小穗重 500 克左右，保留 40～50 粒；中穗 750 克左右，保留 50～80 粒；大穗重 1 000 克左右，保留 80～100 粒。中途还有病虫果、裂果、缩果等损失，还需留 20%～30% 的保险系数（表 8-1）。

表 8-1　葡萄果穗苗果数与果实品质

品　种	单穗果粒数（个）	平均穗重（克）	平均单粒重（克）	含糖量（%）
牛　奶	80～90	500	6	13～14
玫瑰香	70～80	350 以上	5	16～17
乍　娜	50	300	6	15～16
巨　峰	80～90	350 以上	10	15～17

（4）**疏粒顺序**　一是疏除受精不良果、畸形果、病虫果、日灼果、受伤果。二是疏除向外突出的果。三是疏除过小、过大、过紧、相互挤压及无种子的果。

疏除劣质果粒，留下发育正常、大小均匀、果柄粗长、色泽鲜绿的果粒。这样在果实成熟时，穗形一致、大小一致；果粒松紧适度、排列均匀、着色一致，商品性好；便于果穗分级、包装、储运、销售快、效益好、回头客多。

（5）**增大果粒**　坐果后 15 天，根据品种类型，往果穗上喷布 1～2 次赤霉素。

（6）**抠烂粒**　个别果粒受病菌侵染或裂果时易发生烂粒，若不及时抠除，则会传染和蔓延。因此，要细致检查果穗，一经发现病、虫、裂果，及时抠除。

（三）果实套袋

1. 选用优质果袋

（1）**材质**　选质地轻、透光好、透气性好、不透水、耐风雨吹打，不影响果个正常生长的果袋。

（2）**规格**　果袋有 17.5 厘米×24.5 厘米、19.0 厘米×26.5 厘米、20.3 厘米×29 厘米等规格，可适应不同大小的果穗。底部两角有透气孔，上口侧附有 6.5 厘米的封口铁丝。

2. 套袋时间　花后 2 周开始（果粒黄豆粒大小）套袋。选在上午 10 时前、下午 4 时后较好。躲过雨后高温和连阴雨后突

然放晴的天气，待经 2～3 天果实适应高温后再套袋，否则易出现日灼现象。

3. 套袋前准备工作 葡萄园要全面喷 1 次杀虫剂、杀菌剂，可喷甲基硫菌灵、石灰半量式波尔多液等。重点喷匀果穗，药液干后即可套袋。喷药后，应在 2 天内套完袋。用袋前，先将袋端 6～7 厘米浸入水中，湿润软化袋口（便于收紧），提高套袋速度。注意袋口要紧扎穗柄，一般每天每人可套 1 000～2 000 个纸袋。

4. 套袋后管理 定期检查病虫害情况，如叶蝉、黑痘病、霜霉病等。康氏粉蚧、茶黄蓟马和牧草虫等危害严重时，要解袋喷药。

（四）土肥水管理

1. 土壤管理 根据杂草情况，雨后及时中耕除草，种草行间要及时刈割，保持草层高度 7～8 厘米。

2. 施肥 此期需肥最多，在花后至果实膨大期地面追肥 2～3 次，花后 1 周株施尿素 0.1～0.2 千克、硫酸钾型复合肥 0.1～0.3 千克，施后浇水。果实膨大期，每亩根注蒙力 28 10 千克 +100 倍水 + 汉姆红运高钾型肥 1 千克。结合喷药，叶喷 0.2%～0.3% 磷酸二氢钾，每 10 天喷 1 遍，连喷 2～3 次。根据缺素情况，还可喷钙、锌等肥料。

3. 灌水 此期为需水临界期，根据墒情灌水，保持田间持水量为 75%～85%。在浆果着色期，如天旱时要灌 1 次透水，采前不要灌水。

六、果实成熟期管理

（一）摘　袋

在采前 10～15 天摘掉套袋。无色品种可不必摘袋，有色品

种不宜一次性摘袋，应先将袋底撕开呈伞状，几天后再去袋，以防日灼伤害。去袋时间应在晴天上午 10 时前或下午 4 时后进行，阴天可全天进行摘袋。

（二）摘袋后管理

去袋后不必喷药，但须在去袋后剪除果穗周围的遮光老叶和过密枝蔓。注意摘叶要适度，以防日灼。为了果穗充分着光，必要时应将果穗转动 1 ～ 2 次，使果粒全着色。

（三）采　收

1. 采收期　鲜食品种应根据用途、品种气候、市场需求而确定适采期，从皮色、果肉硬度、可溶性固形物含量、肉质风味等来综合判断。采收应选在晴朗早晨露水干后或傍晚进行，要避开雨后和热天采摘。

2. 采收方法　一手持剪刀，一手捏穗梗，采下葡萄后要轻拿轻放，减少机械损伤，剔出病虫、小、青、烂、残、畸形果粒，随即装箱，然后送进包装场。

七、PBO 在葡萄上的应用

（一）PBO 施用

1. 在葡萄上的应用效果　巨峰葡萄的缺点是坐果率低，大小粒和裂果问题严重，成熟期集中，价格偏低等。1996 年和 2001 年，我国大部分地区巨峰花期遇到高温危害，落花落果严重，单性小粒果多，不少地区落果占 40%～80%，裂果率 10%～15%，给生产带来很大损失。使用 PBO 后，坐果率提高 50%，果粒大小均匀，着色好，可溶性固形物含量高，裂果极少，售价高，效益提高 0.5～2 倍。

（二）PBO 使用方法

1. 时期和次数　一般以 3 次为好。第一次为 8～9 月份，作用是促进花芽饱满，翌年即长成大穗大果。第二次在花前 2～3 天，可增加坐果率。第三次在着色前，可防裂果。

2. 施用量、稀释倍数

（1）**巨峰**　一般喷 120～150 倍液 PBO，干旱地区为 250 倍液，特旺树为 80～100 倍液。

（2）**藤稔**　100 倍液左右的 PBO。

其他品种应根据树势和气候等条件来调节，原则上参照巨峰来用。在多雨的华东地区应用 PBO 的时期与方法如下。

第一次，开花前 5 天，每株根施 4 克 PBO，并浇适量水。第二次，花后 25～30 天，叶面喷 90～100 倍液 PBO，中强树喷 120～150 倍液。为防裂果一定要在套袋后喷。第三次，在第二次喷后隔 20 天左右，喷 110～150 倍液 PBO，作用是防徒长。

3. PBO 施用注意事项　一是 PBO 在强旺枝上用效果好。二是与其他营养剂混用效果更好。三是土施残效期 1 年，应隔年土施，第二年采用喷施。四是小面积试验成功后，再进行大面积推广。五是不能与碱性农药混用。

八、病虫害防治

（一）主要病害

1. 葡萄霜霉病

（1）**危害部位**　主要危害叶片，也能危害新梢、花序和幼果。

（2）**防治要点**　①加强综合管理，保持架面通风透光。②发病前喷保护性杀菌剂，如 78% 波尔·锰锌可湿性粉剂 500～600

倍液，1：0.5～0.7：200的波尔多液，80%必备400倍液；北方6月上旬开始，每15天喷1次杜邦易保（恶唑菌酮＋代森锰锌）水分散粒剂1500倍液。因为病菌易从叶背侵入，所以打药时一定让叶背着药均匀。

2. 葡萄白粉病

（1）**危害部位**　主要危害果穗，也危害叶片和枝蔓。

（2）**防治要点**　①对树盘和行间进行土壤消毒，杀灭越冬的病菌孢子。②药剂防治的重点是前期防治。发芽前用5波美度石硫合剂刷枝蔓，铲除病源。发芽后，喷0.3波美度石硫合剂。落花后至封穗期，喷1500倍液杜邦易保水分散粒剂。病害发生初期，用氟硅唑乳油6000倍液喷布。果实快成熟期，用氟硅唑乳油8000倍液喷布，重点是果穗。

3. 葡萄黑痘病

（1）**危害部位**　主要危害幼果、嫩梢、嫩叶和卷须、叶柄、穗轴、果柄等部位。

（2）**防治要点**　①农业防治：搞好清园和冬、夏剪工作，改善通风条件，增施有机肥，控制氮肥使用。②药剂防治：发芽前，喷高浓缩强力清园剂500～600倍液；新梢2～3叶期、花序分离、花前2～4天、花后3～5天是防治此病的关键期。根据降雨情况喷80%必备400倍液，或1：0.5：200～240波尔多液，发病初期可喷抗霉菌素，其他药剂也可选如80%代森锰锌、50%多菌灵、70%甲基硫菌灵、40%氟硅唑、10%苯醚甲环唑等，但要坚持10～15天喷1次药。

4. 葡萄灰霉病

（1）**危害部位**　主要危害花序、穗轴、幼果及成熟的果实，也危害新梢及叶片。

（2）**防治要点**　①葡萄园应清除菌源，改善光照，降低湿度。棚室灰霉病重时，要进行闷棚，高温熏蒸。②休眠期喷高浓缩强力清园剂500～600倍液。花穗抽出后、花序分离期、花后

3～5 天为防治关键期。喷布的药剂有四霉素 500～600 倍液，50% 异菌脲可湿性粉剂 1 000 倍液，50% 多菌灵可湿性粉剂 1 000 倍液等。湿度大的地区，在封穗前、转色期和成熟期也是防治关键期。

5. 葡萄白粉病

（1）**危害部位**　主要危害果实、叶片和嫩梢等幼嫩部分。

（2）**防治要点**　①农业防治同黑痘病。②药剂防治：发芽前、后各喷 1 次高浓缩强力清园剂 500～600 倍液。花期至大幼果期为发病高峰期。花序分离期、花前、果实黄豆粒大小时，喷 2～3 次硫黄可湿性粉剂 150～250 倍液，或 50% 硫悬浮剂 200～300 倍液。硫制剂是治疗该病的特效药。但要注意，硫黄发挥作用的最适温度为 25～30℃，低于 18℃ 几乎不起作用。此外，15% 三唑酮可湿性粉剂 1 000 倍液，或 70% 甲基硫菌灵可湿性粉剂 1 000 倍液，或 40% 氟硅唑乳油 8 000 倍液，或 10% 苯醚甲环唑水分散粒剂 2 000～3 000 倍液均可。

（二）主要虫害

1. 绿盲蝽　为葡萄主要害虫。

（1）**危害部位**　以若虫和成虫刺吸危害幼芽、嫩叶和花序。

（2）**防治要点**　在萌芽初期和新梢抽 3～4 片叶时，或在绿盲蝽第一代若虫期，喷布 10% 吡虫啉可湿性粉剂 1 200～1 500 倍液。

2. 葡萄二星斑叶蝉（二点浮尘子）

（1）**危害部位**　以成虫、若虫在叶背吸食汁液，被害处失绿苍白，导致早落，影响果实着色、成花和枝条成熟。粗放管理园的虫害较重。

（2）**防治要点**　①搞好清园，减少虫源。生草园要及时刈草。加强夏季植株管理，改善通风条件。②挂黄色黏虫板（5 月份至落叶）。③药剂防治：若虫发生期（花序展露至小幼果期），

及时喷 2.5% 吡虫啉可湿性粉剂 1 000～2 000 倍液，或 90% 灭多威可湿性粉剂 3 000～4 000 倍液。

3. 斑衣蜡蝉

（1）**危害部位**　以成虫、幼虫刺吸枝蔓和叶片，造成枝叶枯黄，穿孔破裂。被害枝蔓变黑，引起病菌寄生。

（2）**防治要点**　①刮除枝蔓上越冬卵块。②若虫期喷药：1 龄若虫聚集在嫩梢上时，喷 2.5% 吡虫啉可湿性粉剂 1 000～2 000 倍液，或 90% 敌百虫可湿性粉剂 1 500 倍液。

4. 葡萄瘿螨（锈壁虱、毛毡病）

（1）**危害部位**　主要危害叶片，危害严重者枯萎脱落。

（2）**防治要点**　①及时摘除病叶，落叶后清园并刮枝蔓老皮，集中处理。②药剂防治：冬季防寒前，春季发芽前各喷 1 次高浓缩强力清园剂 500～600 倍液。展叶后，喷 0.3～0.5 波美度石硫合剂，或 15% 的哒螨灵乳油 3 000 倍液。

5. 葡萄白粉虱

（1）**危害部位**　主要以成虫或若虫群聚叶背刺吸汁液，使叶片褪绿变白。此虫会分泌大量黏液，污染叶片及果实，并可引起煤污病等病害发生，从而降低果实商品性。

（2）**防治要点**　①挂黄色黏虫板，诱杀成虫。②利用白粉虱的天敌，如丽蚜小蜂、红点唇瓢虫、跳小蜂、粉虱寡节小蜂、黑蜂、草蛉等，防治白粉虱效果好。③药剂防治：可喷布 10% 吡虫啉可湿性粉剂 2 000 倍液，或 1.8% 阿维菌素乳油 4 000～5 000 倍液，均可有效防治白粉虱。

第九章
SOD 红香酥梨生产配套技术

　　该品种是由中国农业科学院郑州果树研究所 1980 年用库尔勒香梨×鹅梨杂交培育而成，1997 年和 1998 年分别通过河南省、山西省农作物品种审定委员会审定，2001 年通过国家品种委员会审定。

一、生长特性

（一）植物学特征

　　树冠中大，圆锥形，树姿较开张；主干与多年生枝干棕褐色，皮孔较大而突出。1 年生嫩枝红褐色，叶片卵圆形，长 11 厘米、宽 7.4 厘米，深绿色，平展，革质；叶柄长 7 厘米、茎粗 2 毫米，叶缘细锯齿且较整齐，叶尖渐尖，叶基近圆形；花冠粉红色，中等大小，花瓣倒卵圆形，5～6 片，平均每花序 6～8 朵花。

（二）生物学特征

　　植株生长势较强，进入结果期变为中庸。7 年生树高 3.6 米，干周 40 厘米，冠径南北长 3.9 米、东西长 3.6 米；萌芽力强，成枝力中等，延长枝剪口下可抽生 3～4 个分枝。以短果枝结果为

主；其他类型果枝也可结果。丰产稳产，6年生树株产可达50千克。

1. 物候期　在郑州地区，叶芽萌动期在3月20日前后，盛花期一般在4月10～14日，果实8月底或9月上旬成熟，果实在花后50天开始迅速生长，直至8月下旬，果实发育期约140天，植株生育期约235天。11月上旬落叶。

2. 抗逆性　该品种抗梨黑星病，较抗轮纹病、梨蚜和红蜘蛛，不抗梨木虱和食心虫。

（三）果实形状

该品种果实较大，平均单果重为220克，最大单果重可达509克。果形为纺锤形或长卵圆形，果形指数1.27，部分果实萼端稍突起。果面光滑，蜡质较厚，无锈，果点中等而密；果面底色黄绿，阳面有红晕，向阳面2/3果面鲜红色。果柄长5.7厘米、茎粗2.5毫米。梗洼浅、中广；萼片部分宿存，萼洼浅而广。果心小，果肉白色，酥脆多汁，可溶性固形物含量为13%～14%，品质极上等。果实较耐贮运，冷藏条件下，可贮至翌年5～6月份。采后贮藏在17～22℃、空气相对湿度85%～90%的环境中，20天后果实外观更加艳丽。

（四）适 应 性

该品种适应性极强，凡能种植砀山酥梨或库尔勒香梨的地方，均可栽植红香酥梨。该品种抗风能力强，但果实采收前易受风害，所以建园时应建立防风林带。根据品种区域试验结果，我国西北黄土高原地区，川西、华北地区及渤海湾地区均为该品种最佳种植区。

二、土肥水管理

（一）深翻改土

在果园土层瘠薄的情况下，应通过适度深翻，结合有机肥等措施改善土层结构和提高土壤肥力，一般深翻 50～60 厘米。土质差的果园，沙地上客土换沙，黏土地掺沙，盐碱地客淡土，沙荒地客淤土，回填时加入适量秸秆和有机肥。深翻时因树龄而不同，幼树逐年放树窝子，初果期可采用短沟、平行沟、放射沟深翻；大树采用全园深翻（深度在 20～40 厘米）。深翻时，尽量避免伤粗根（直径 <1 厘米）。

（二）树盘覆草

树盘覆盖有机物，其优点很多，具体可参照第四章的相关内容。

（三）施　肥

1. 基　肥

（1）**秋施基肥品种**　秋施基肥以腐熟农家肥、生物有机肥为主。近年来，生产上已越来越注重生物有机肥的使用。

（2）**施用时期**　以 8 月中旬至 9 月底为宜，早秋施基肥有利于根系愈合与再生，也有利于有机物的分解。果农称早秋施基肥是"金"，晚秋施基肥是"铜"，翌年春施基肥是"铁"。尤其果实采收后，要及时施"月子"肥，以增加树体的贮藏营养，为翌年开花、坐果、新梢发育奠定基础。

（3）**施用量**　有机肥按 1 千克果＋2 千克有机肥的比例施入。对于生物有机肥，一般幼树株施 1.5～2.5 千克，结果期树按 2.5～5 千克施入较好。

（4）**施肥方法**　结合深翻改土，多采用沟施，施后及时浇水

沉实。

2. 追 肥

（1）**追肥时期**　按物候期不同生育阶段追肥，如萌芽期、落花后和果实膨大期等。

（2）**追肥方法**　①叶面喷雾，可结合喷药，也可单喷。②树干喷涂，如用蒙力28涂干肥，在萌芽后、花期前后和采收后喷涂树干（不要伤及叶片）。③地面注肥，如用施肥枪将蒙力28肥＋100倍水往树盘内根系集中分布区扎6～10个眼，深度20厘米左右，每眼停5～6秒钟。大约2个小时可追施1亩梨树。④地面浅沟（轮状、平行沟、放射沟或撒施后翻入土中）施肥等法。

（3）**施肥依据**　①平衡配方施肥。其主要依据是营养诊断结果，其中叶分析诊断数据是首要前提，在6～7月份，于田间按规定摘取叶样，进实验室分析检测出各元素含量，与标准叶样值对比，确定各营养元素盈亏指数，综合诊断，确定各元素配比，科学指导平衡配方施肥。②根据梨树需肥规律、特点和土壤供肥能力及肥料中有效元素含量和持效期长短，确定大、中、微量元素及稀土微肥的用量和比例，即按需施肥，减少浪费，满足梨树的实际需要。

（4）**追肥配比**　在4～5月份，应按2∶1∶2施入氮、磷、钾肥；中期（花芽分化期）增施磷、钾肥；后期多增施磷、钾肥，以利果实增色。在果实着色期，叶面喷布0.3%磷酸二氢钾1～2次，也可以明显提高红香酥梨的着色度。

（四）水分管理

1. 梨树需水量　据资料，梨树是比较耐旱的树种，但梨树每生产1克干物质，需消耗400克水。亩产2 000千克的梨园，果实干物质占10%，约200千克，形成果实所需枝、叶、根等的干物质为果实干物质的3倍，即600千克。1亩梨园形成干物质约为800千克，需水320米^{3}左右。

2. 水分调控

（1）**需水时期** 主要有 4 个时期：新梢迅速生长期、果实迅速膨大期、秋季施肥后、入冬前封冻水时。

（2）**控水时期** 5～6 月份花芽分化期需水量不多，为了提高细胞液浓度、促进花芽分化，土壤相对含水量维持在 60% 左右为好。为了促进果实着色和控制秋梢旺长，应控制水分供应并做好雨季排水工作。

三、整形修剪技术

（一）树形选择

1. 密植小冠树形 当前，在梨树栽培上已基本不用大冠树形，而是改用各种小冠树形，如倒"人"字形、折叠式扇形、交叉形、多主枝开心形、纺锤形、主干形等（图 9-1）。

2. 中冠树形 红香酥梨也可采用几种中冠树形，如小冠疏层形、自由纺锤形、杯状形、单层高位开心形等（图 9-2）。

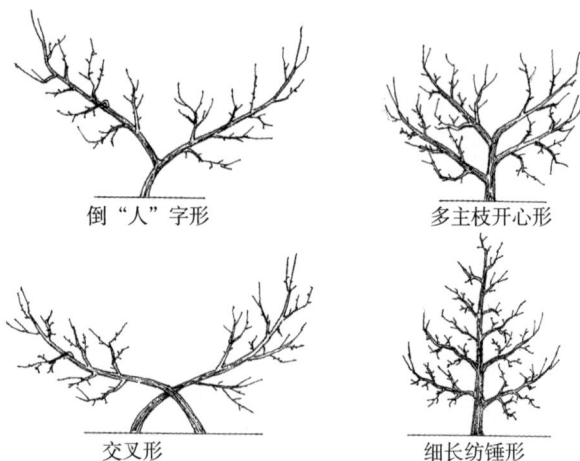

倒"人"字形　　多主枝开心形

交叉形　　细长纺锤形

图 9-1　各种密植小冠树形

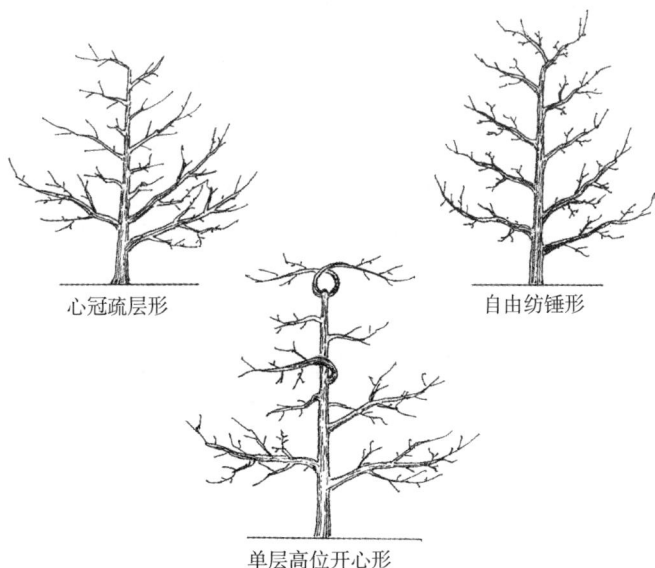

心冠疏层形　　　　　　　自由纺锤形

单层高位开心形

图 9-2　梨树 3 种中冠树形

（二）整形方法

1. 倒"人"字形　该形是在折叠式扇形基础上发展起来的简易树形，在陕西省梨区已推广应用多年，是一种适于密植的早果丰产的较矮小树形。树形属开心形，无中央领导干。

（1）树体结构　干高 40～50 厘米，树高 2 米，冠径 2.5 米左右，树形外观为长方形。全树只有两大主枝，主枝与地面夹角为 40° 左右，每个主枝上分布各类枝组，2 年成形，3 年覆盖全园。适于乔砧密植栽培，两主枝向行间倾斜，故行距为 3～4 米，株距 1～1.5 米，亩栽 111～222 株。

（2）整形方法

①第一年　选用优质壮苗，对于苗高超过 1.5 米的，从 1.5 米处剪除顶部；不足 1.5 米的，只破除顶芽。

萌芽后抹除近地面 40 厘米内的萌芽和新梢，并在距地面 50 厘米处将苗干拉向行间，与地面呈 40°～50°夹角，成为第一主枝。将该枝用拉绳固定，并在拉弯处选背上芽刻伤。5～6 月份，注意培养刻伤芽长出的强梢，必须将其周围的竞争枝梢剪除或摘心，对于其他背上新梢在 8～9 月份进行拉枝，分别拉向左右，达 100°～120°角，有利于主枝延长梢的正常延伸（图 9-3）。

②第二年　春季萌芽前后，将刻伤芽抽生的强枝，向第一主枝相反方向拉向行间，与地面夹角也呈 40°～50°角，称第二主枝，该枝一般不用短截。只对背上芽进行芽后刻伤，抑制背上旺枝的产生，同时对两主枝背后芽隔一定距离进行刻伤，以促发强

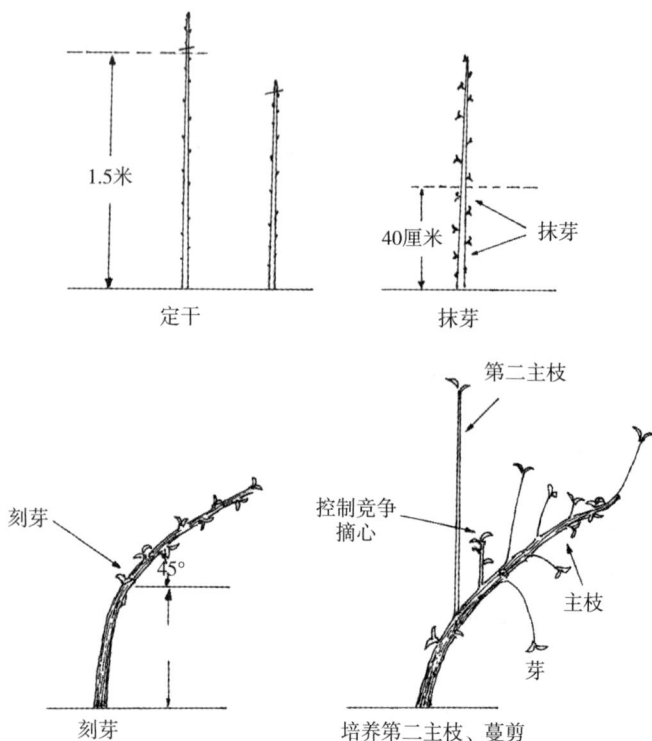

图 9-3　倒"人"字形的第一年整形

枝，并能牵制背上过旺生长，保持树势平衡。8～9月份对全树的直立强旺枝均拉向水平或倾斜状态（图9-4），全树基本成形。以后，要注意保持树形，疏除密生枝，拉平直立枝，回缩细弱枝，保持枝组健壮生长，结果正常。

2. 交叉"X"形　该形是由倒"人"字形改变而来，利用壮苗双株栽植，栽后将两苗干分别拉向两边，与行向垂直，即2株当1株管理。

（1）树体结构　有2个主干，树高2米，冠径2.5米，树形

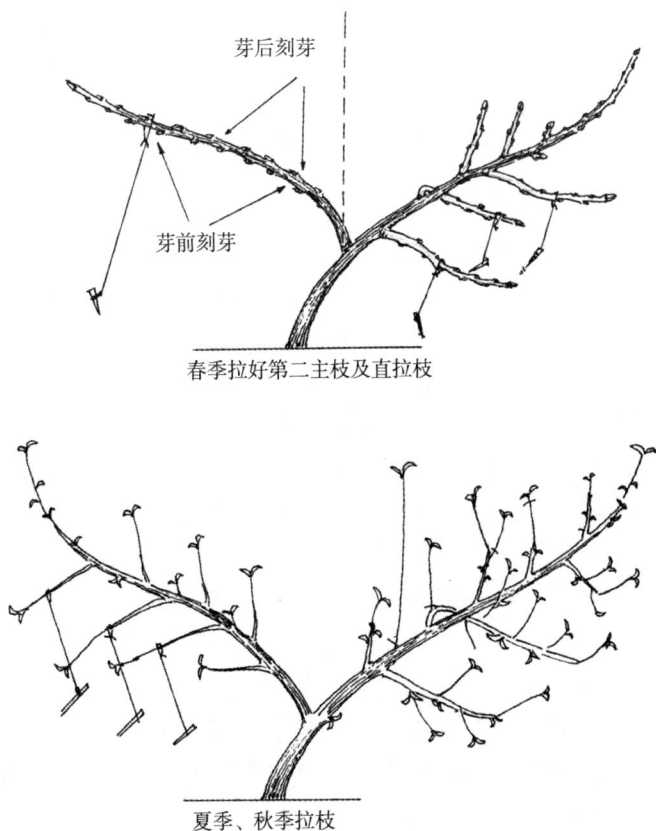

芽后刻芽

芽前刻芽

春季拉好第二主枝及直拉枝

夏季、秋季拉枝

图9-4　倒"人"字形第二年整形

长方形。由两个苗干各形成1个主枝，两主枝交叉，主枝与地面夹角45°左右。主枝斜向行间。该形可做到1年成形，2～3年结果，适于乔砧密植栽培，株、行距1～1.5米×3～4米，亩栽222～444株。

（2）整形方法

①采用优质大苗栽植　每定植穴内栽2株，株间距离25厘米，栽后从苗高1.5米处剪截定干。萌芽后抹除近地面40厘米内全部萌芽，抹芽后将苗木在40～50厘米处交叉拉开，使苗干与地面呈45°夹角，并加以固定。夏秋季管理可参照倒"人"字形。

②冬剪　对主枝和长枝适度短截，树冠基本成形，以后整形参照倒"人"字形。

（三）不同年龄时期树的修剪

1. 幼树期至初果期

（1）培养角度开张的各级骨干枝　梨树绝大多数品种生长极性强，分枝角度小。若不辅助人工开张角度，则往往会形成扫帚形树冠，不但树冠直立、密不通风，而且成花年龄晚、产量低。几十年丰产经验表明拉枝开角是梨树早果丰产的关键技术之一。根据整形要求，每年夏、秋季都要对预培的骨干枝进行拉枝，与地面呈40°～90°角，并加以固定。比较简易省工的办法是用钢丝拉枝器较好，这种拉枝器可任意移动，并能在第二、第三年再利用（图9-5）。

（2）及早培养结果枝组　主要采用先放后缩法培养枝组，用此法可培养中、小型枝组。随年龄增长、树冠扩大，还应采用先截后放法培养枝组，这种方法有利于培养中、大型枝组，在主枝、骨干枝背上多分布中、小型枝组；两侧多分布中、大型枝组，在各类枝组形成过程中，也要结合环剥、环割、喷PBO等方法，使其成花、结果（图9-6）。

（3）培养通风透光树冠　①及时拉枝开角，不但要拉好基部

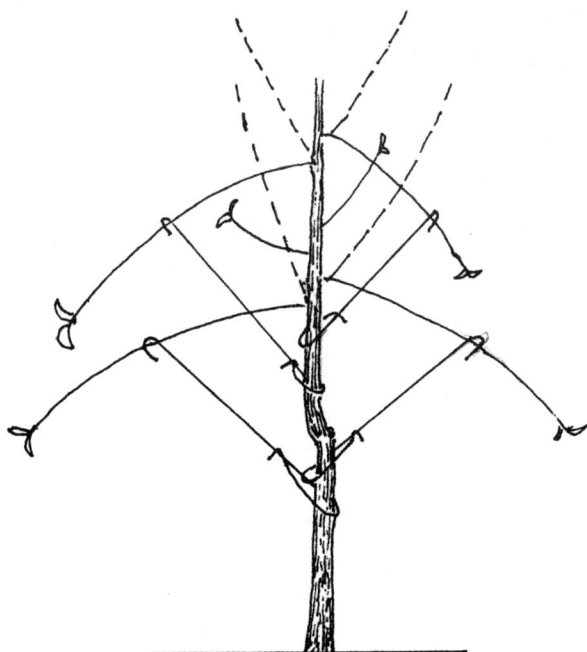

图 9-5　幼树用钢丝拉枝器开角

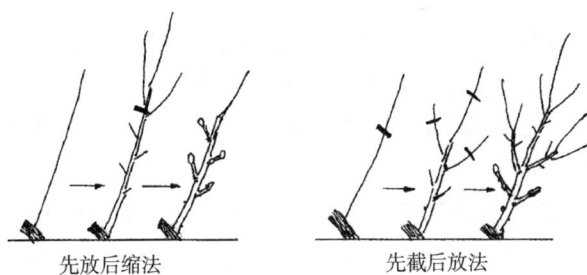

先放后缩法　　　　　　先截后放法

图 9-6　培养枝组的 2 种方法

枝，中、上部枝也要拉枝到位（骨干枝、辅养枝、大枝组）。②清理冠内无用枝、遮光枝，如轮生枝、竞争枝、交叉枝、徒长枝、密生枝等。

2. 盛果期树

（1）**加强疏枝工作** 盛果期枝量大，树冠易郁闭，因此要以疏枝为主，改善光照；①疏辅养枝。对于已结果多年、枝势衰弱、无发展空间的层间辅养枝，要逐年疏、缩。②疏过密的骨干枝，如低位枝（距地面80厘米以下）、重叠枝、轮生枝、树上树、竞争枝等。③疏病虫枝、衰弱枝、背后枝等。

（2）**对1年生枝的修剪** 骨干枝延长枝，有发展余地的，可中截；无发展空间的，进行轻剪、长放。树冠内膛的徒长枝，有可能培养成枝组的，拉向水平和下垂，无用的则疏除。枝组需要延伸的，应用中庸的1年生枝带头，中截；不需延伸的，则可长放不剪。中后部骨干枝上光秃处发生中庸的1年生枝时，进行短截，培养新枝组。

四、花果管理

（一）促进成花

1. 增加树体营养贮备 从春季到秋季要充分保证营养供应，在秋施足量腐熟有机肥、生物有机肥的基础上，花前、花后补肥也十分重要（地面追肥、结合树干喷、涂肥）。前期以氮肥为主，中期以磷、钾肥为主，后期以钾肥为主，让花芽正常分化，有良好的营养条件。

2. 维持激素间的平衡 为什么能成花，从生理上讲，除营养因素外，还需要激素间维持平衡，即生长素、细胞分裂素、乙烯之间的动态平衡。若植株生长过旺、结果特多，体内生长素分泌过多，则不利于花芽形成。为了在成花关键期不缺细胞分裂素，减少生长素的分泌，就需要喷布PBO（花芽分化期和秋梢旺长期）。

3. 环割 在应用PBO的前提下，如果树旺难成花，可在树

干或粗大枝子基部辅一道环割（不提倡环剥），对成花是非常有利的。

4. 长枝连续甩放　可缓势成花，效果明显。

（二）提高坐果率

1. 提高树体贮藏营养水平　这是提高坐果率的关键措施，如保护叶片，使其秋季正常落叶；适量负载，不过多消耗树体营养；采后及时补肥（尽早施基肥，10月中下旬往树干上涂喷蒙力28和甲基硫菌灵等）。

2. 喷布PBO　花前7～10天喷PBO，浓度为250倍液，并有防晚霜能力。

3. 人工辅助授粉

（1）授粉适期　宜在初花期至盛花期授粉，选晴天进行效果最佳。

（2）授粉方法

①人工点授　将纯花粉与填充剂按1:4比例混合装入瓶中，填充剂可用石松子粉、滑石粉、淀粉和失效梨花粉。花粉可用自采鲜花粉或购进贮藏的花粉，授粉前自备授粉器；毛笔剪去笔尖，或在铁丝上绑缠软绒毛球等。每蘸一次花粉可点十几朵花。虽然此法速度慢，但节省花粉、授粉效果好、坐果率高、果个大。

②喷粉　纯花粉与填充剂按1:20～50的比例混合，用喷粉机或喷粉枪对花朵喷粉，其速度快，功效高，授粉效果好，但花粉用量大，成本高。

③喷花粉液　用葡萄糖或蜂蜜配成1%糖水液，再加入花粉配成0.1%花粉液，立即对花全树喷洒。该法虽然速度快、效率高，但坐果量难以控制。

④用鸡毛掸子滚动授粉　先将鸡毛掸子用白酒清洗，洗去鸡毛上的油脂。鸡毛掸子干燥后绑在长木杆上，先在授粉树上花多处滚蘸花粉，然后移到被授粉的主栽品种上，在花多部位滚动授

粉，此法适于较密植的且有授粉树的梨园。

⑤用电动采粉授粉器授粉　在授粉树盛花期，启动电动采粉器，在花多处采集花粉，之后在采集的花粉中添加一定倍数的添加剂，放回贮粉瓶中，再开动授粉器，花粉可均匀喷到被授粉的花上，其效率是人工点授的20倍左右。

4. 借壁蜂传粉　在梨园配置适当的授粉树，花期放蜜蜂或壁蜂授粉，效果也相当好，不但可以节省劳力而且授粉均匀。

据陕西省礼泉县试验，在每亩放50～70头野蜂或壁蜂的梨园，梨花坐果率可提高11%。方法：花前3～5天，将蜂茧从4～5℃冰箱或果库中取出，装入制作好的蜂巢管内，每支巢管只放1头蜂茧，蜂茧头部朝向管口，管口用较薄的卫生纸封住，以利成蜂羽化出巢。然后，将巢管50支或100支绑成一捆，挂在果园看护房南墙上，靠近回收巢管，以利回收更多的壁蜂卵。

（三）疏花疏果

1. 人工疏果　梨树枝繁叶茂，往往花量过大，呈雪球花状，实际上，适宜负载量所用的果数只是总花量的5%～10%。大部分花都是多余的。及时将这些花疏除，可以节省大量的贮藏营养，使有限的养分充分供给树上留下的果实成长，这对缓和大小年和树体健壮发育是一项关键措施。

（1）疏花序、疏蕾、疏花　在花序伸出期按距离留花序，中、大型果，每20～30厘米留1健壮花序，其余摘除；在花蕾分离期，每花序只留1～2个基部的花蕾；花期每序只留1～2朵花。

（2）确定果实适宜负载量　方法较多，主要有以下5种。

①叶果比法　中、小果为15～20:1，大果为25～30:1。西洋梨叶片小而窄，为50:1。

②枝果比　一般为3～6:1。

③干周法　根据树干周长（按厘米计）来计算总留果数，如

一般每厘米干周长应负担 4～5 个果（以中型果计）。

④干截面积（厘米 ^{2}）　如库尔勒香梨每厘米干周可负担 2～4 个果。

⑤距离法　按一定距离留果，大果型间距 25～30 厘米，中型果 20～25 厘米。红香酥梨为中型果，可按 20～25 厘米留果。

（3）**疏果与定果**　预留果（早疏果）在花后 15 天以前进行。预留果后 10～15 天进行定果。

（4）**定果留果标准**　按全树合理负载量定果，这要由定果组人员计算适宜果数，留下的应该是单果、大果、标准果型的果，以及健壮果枝上的果、无病虫害的果、结果部位分布均匀的果。

（四）果实套袋

1. 套袋时期　一般在花后 15～35 天进行，原则上讲，定果后套袋越早，果皮上果点越小，锈斑越少，果面光洁度越好。

2. 套袋前准备

（1）**选择优质防虫纸袋**　优质纸袋应是全木浆纸做成，透气、耐风吹、雨淋和日晒，纸袋用杀虫杀菌剂处理，可以防治入袋害虫（梨黄粉虫、康氏粉蚧）。

（2）**套袋前田间管理**　为防止套袋后病虫入袋伤果，应于套袋前 5～7 天喷布杀虫杀菌剂，常用 70% 甲基硫菌灵 800 倍液或 80% 代森锰锌 +10% 氯氰菊酯 2 500 倍液（也可加 5% 阿维菌素 4 000 倍液）。若喷后遇雨，则应补喷。

（3）**套袋前袋口反潮**　套袋前先将袋口喷少许水使之柔韧，便于操作。

3. 套袋方法　先撑起袋口，托起袋底，张开底角的通气放水口，按标准方法折叠袋口，扣紧铁丝，让梨果悬于袋体中央，防止袋体磨擦果面。

绿色梨果采前不必除袋，采收时可连同纸袋一起采下，分级时除去果袋；而红香酥梨是红色果实，采前 15～20 天除袋，让

梨果沐浴阳光，以促进果面转红，增加含糖量，风味也更浓郁。

（五）采后人工增色

采果后，把红香酥梨存放在温度 $17 \sim 20℃$、空气相对湿度 85% 以上的环境中，或选背阴通风处，上面铺一层 $10 \sim 20$ 厘米湿的细沙，将果实整齐排列于细沙上，果与果之间留有空隙，每天早、中、晚 3 次喷凉水于果面上，降低温度，加大温差，防止果实失水。20 天后，果实增色效果十分显著。

五、栽培中常见问题及解决办法

（一）抗风力差，容易造成自然落果

造成自然落果的原因是果实进入转果期后，大风容易改变果柄和果枝之间的角度，改变过大时会造成自然落果。其解决的办法：①早春拉枝到位。将结果枝拉到 $90°$，即水平位置；若秋季枝组下垂，则用木棒支撑。有风时，即使果实左右摇摆，也难以将果柄与果枝角度改变，故可减少落果。②及早疏花、定果，选留中心花蕾，使果柄短而粗，这样可减少落果。

（二）早采使果实品质达不到原有风味

红香酥梨在中部果区成熟期为 9 月中下旬，但有的果农为了赶市场，于 $7 \sim 8$ 月份开始采摘，导致梨果着色欠佳、含糖量低、风味品质不高，影响市场信誉。解决办法就是一定要在果实完全成熟后适期采收，确保达到原有风味。

（三）着色差，红香酥梨不红

其主要原因是微量元素吸收不均匀，解决办法：①果园增施腐熟的有机肥、生物有机肥和全素性肥料，有机肥和无机肥（大

量元素＋中量元素＋微量元素＋稀土元素）共施可使果实发育好，生理病害明显减轻，着色明显提高。②通过修剪、拉枝、吊枝的方法建成通透性树冠，使树冠内枝枝见果、果果见光。果实着色艳丽，风味更浓，达到优质高效。③也可铺反光膜、摘叶，提高果实光照，促其着色。

第十章
SOD 大樱桃生产配套技术

一、适地适栽

（一）大樱桃对环境的要求

大樱桃（或称甜樱桃），原产欧洲和亚洲西部，适应冷凉干燥气候，属喜温暖不耐寒、不抗旱、怕水淹的树种；适宜栽培在冬无严寒、夏无酷暑、四季无大风、春无晚霜的气候环境中。因此，有句俗语"樱桃好吃树难栽"，大樱桃是个"娇气"的果树。

1. 温度 这是决定大樱桃分布的最关键因子。樱桃适合年均温 $10 \sim 12 ℃$ 地区栽培，要求年均温 $10 ℃$ 以上天数在 150 天以上。不同时期要求不同的温度：萌芽期 $10 \sim 15 ℃$，开花期 $12 \sim 18 ℃$，果实成熟期 $20 ℃$ 左右。冬季发生冻害的临界温度为 $-20 ℃$，有时气温达 $-18 ℃$ 时枝干即遭冻害，$-25 ℃$ 时造成大枝纵裂甚至死亡。根系受冻温度：晚秋为 $-8 ℃$ 以下，冬季 $-10 ℃$ 以下，早春 $-7 ℃$。1 年生苗 $-15 ℃$ 时，地上部冻死，冬季低温常在 $-15 ℃$ 的地区，在栽培樱桃树时应设越冬保护。另外，春季晚霜对大樱桃危害很大。花蕾期 $-1.7 ℃$、开花期 $-2.8 ℃$、幼果期 $-1.1 ℃$ 都会发生不同程度的冻害，重者绝产，损失严重。对于该树种，高温同样会对其造成伤害。生长季节高温、高湿环境易

导致枝条徒长，树冠郁闭；高温干旱则易使叶片早衰，形成畸形花；果实发育后期温度过高会出现"高温逼熟"，果小质差。高温区的果树寿命缩短。

2. 光照　大樱桃是喜光树种，要求年日照在 2 600～2 800 小时。树冠要通风透光，结果良好，例如，在山海关附近一片山地樱桃园，7～8 年生树，株距 5～6 米，光照充足，株产 75～100 千克。而在陕西省富平县一片平地 2 公顷樱桃园，树密、枝密、光照差、结果少、效益低，10 年生树就要刨掉改种桃树。在甘肃省天水市，海拔 800～1 500 米，海拔每升高 100 米，光强增加 4%～5%，紫外线辐射增强 3%～4%，当地大多数品种因光照充足而果实产量高、品质好（着色好、糖分高）。

3. 水　分

（1）降水量　大樱桃对水分十分敏感，既不抗旱，又不耐涝。适栽区要求年降水量 500～800 毫米，空气湿润，相对湿度在 65%～70%，气候温和，有利樱桃树生长发育。但空气湿度过大会造成枝条徒长，果实开裂。

（2）土壤湿度　土壤含水量过低（低于 7%）时，叶片开始枯萎、变色，引起大量落果，落果率高达 50% 以上；受旱后遇雨会引起严重裂果；雨季土壤积水，会引起果树流胶，易造成死枝、死树。

4. 土壤　大樱桃根系呼吸作用旺盛，适宜在土层深厚（活土层 40 厘米以上），土质疏松、肥沃、保水保肥力强，通气良好的沙壤土或砾质壤土上生长。适宜的土壤 pH 值为 6～7.5，土壤总盐量在 0.1% 以下，地下水位宜在 1.5 米以下。

5. 风　大樱桃根系浅，抗风力差。大风危害易造成春季植株"抽条"、花芽受冻，进而影响授粉昆虫活动、降低坐果率，夏、秋季枝折树倒，故应避开大风侵袭区栽树，或事先建有防风林。

6. 地形、地势 大樱桃宜栽在缓坡丘陵地，平原、低洼地易受低温、晚霜危害。选阳光好的阳坡栽树，但要注意植株开花早易遭晚霜侵袭。

（二）适宜栽培区

主要适栽地区包括：①辽南，分布区为大连甘井子区、旅顺口区、金川区、普兰店市和瓦房店市。②胶东，分布区位于烟台市各区、县，还有青岛市各区；临沂地区部分县，及潍坊、青州、沂源等地。③秦皇岛地区，分布区为秦皇岛市海港区及其周边。④陕西省，分布区为西安市灞桥、蓝田、长安、户县、富平、大荔、铜川等地。⑤天水市，分布区为麦积区、秦州区较多，其他区县有零星栽培。⑥其他地区，分布区有四川坝上地区，北京海淀、昌平、平谷、大兴、房山、顺义、四季青、密云、怀柔等地也有一定栽培面积。北京周边主产区为顺义区和海淀区，据赵春生介绍，北京大樱桃有 1 万亩，约占全国 10% 左右。此外，山西、河南、江苏等省也有一定发展。

（三）园地选择

具体园块的选定还要考虑下述条件。

1. 气候 主要是冬季最低气温、春季气温变化规律、夏季高温、及风灾、雹灾、旱霜等。最适宜的园块应是冬无严寒、夏无酷暑，无风雹灾、无抽条、无晚霜危害的地块。

2. 地形地势 适宜地块应选择坡度在 15° 以下的缓坡丘陵地和开阔的平地建园。有些形成良好小气候的地块，也应列入选址条件。

3. 土壤 应选沙质土、壤质土和砾质土建园。

4. 水质 不能用含盐、碱量高和被污染的水灌溉果园。

二、高标准建园

（一）苗木选择与处理

1. 优选壮苗　栽前要核准品种，并按苗木质量分成一、二、三等。剔除混杂、畸形、不合要求的劣质苗木。正常栽植的苗木应符合根系完整（6条侧根和大量须根），侧根长度20厘米以上，不劈裂、不干缩、无病虫危害、枝条粗壮、节间较短、芽眼饱满、不破皮掉芽、皮色光亮、具品种皮色，苗高在1.2～1.5米，嫁接口愈合良好的标准。从外地调入的苗木，一定要严查根癌病，并进行消毒处理。

2. 苗木栽前处理　栽前将苗木根系进行整理，剪去劈裂、破皮部，粗根剪去毛茬，使其伤口平滑、吸水力强。苗干破损处用薄膜条包扎，以防失水。将整理好的苗木放入贮水池或挖好的水坑中，水中先放入碧护（1克兑水15升），有利生根，尽可能将苗木全浸入水中，浸水达12小时以上，这样苗木成活率高。

（二）配好授粉树

1. 授粉树栽植要求　大樱桃有少数品种为自花结实，绝大多数为自花不实。不论哪类品种，配置授粉树后其产量、品质都会提高。由于大樱桃果品价格昂贵，一般不配专门授粉树，而且几个樱桃品种混栽，互作授粉树。一般2～3个品种间隔开，每2～3行栽1个品种即可。

2. 授粉树搭配　（表10-1）

表10-1　大樱桃授粉品种搭配

主栽品种	授粉品种	主栽品种	授粉品种
那　翁	大紫、雷尼尔、先锋	芝罘红	大紫、那翁、红灯

续表 10-1

主栽品种	授粉品种	主栽品种	授粉品种
大 紫	那翁、红灯、芝罘红	沙蜜脱	大紫、友谊、南阳
雷尼尔	那翁、滨库、红蜜	早红宝石	抉择、那翁、早大果、红灯
美 早	先锋、红灯、沙蜜脱	抉 择	早大果、早红宝石、红灯、那翁、先锋
红 灯	红蜜、滨库、大紫、佳红	早大果	早红宝石、抉择、先锋
先 锋	雷尼尔、早大果、滨库		

（三）栽植时期

1. 早秋带叶栽　在秋季多雨、冬季不冷地区，如甘肃省天水市，当地于9月中旬至10月上旬栽植，此期地温高、土壤湿度大，断根易愈合和发新根。栽植成活率可达90%～98%。此期栽植必具的条件为就地（近）育苗，就地（近）栽植，挖苗多带根、多带土、不摘叶，趁阴雨天或雨前栽，成活率高，且翌年幼树基本不缓苗，生长健壮。冬季需压倒埋土防寒。

2. 晚秋栽　10月中旬至11月底土壤结冻前栽，伤根愈合早、翌年生长早，成活率高，但冬季也要埋土防寒（20厘米左右）。翌年春，芽萌动前挖开埋土，扶直树干，提高成活率。

3. 春栽　在北方，一般提倡春栽，春季（2～3月底）土壤结冻后至萌芽前栽树，在冬季多风、低温地区，春栽比较安全，成活率也较高。

（四）提高苗木成活率的措施

第一，栽树时，要施腐熟的有机肥，不会烧根，有利成活。

第二，栽后修好树盘，立即浇水（10～15升/株），水渗后要封盘保墒。

第三，苗木套塑料袋，下部扎紧，上部扎些小孔，可防金龟

子和大灰象甲啃食嫩叶和嫩芽，过了危害期，人工去掉套袋。

第四，覆膜保墒春季栽后，每株树下覆盖 1～1.2 米²地膜或黑膜。树干与膜接触处用细土压严，防止膜下热气灼伤树干，膜四边用土压严。

（五）栽植株、行距

株、行距要根据土肥水状况和树形来确定。平原宜大，山地、坡地宜小。

采用小冠疏层形：株、行距为 3 米×（4～5）米，采用纺锤形时，株、行距为（2～3）米×4 米；若采用主干形时，株、行距则为（1.5～2 米）×（3～3.5）米。为取得早期高产可用计划密植，定植株、行距（1～1.5）米×（2～2.5）米。不论哪种栽植密度，行间要有 1～1.5 米宽作业道，以便于机械通过。

三、栽后促长、早果技术

（一）促长、促壮指标

定植当年，平均每株树抽生 40 厘米以上的枝条 7～10 个，总生长量达 3～4 米，整园幼树达到"全、齐、壮"标准。

第二年，平均每株树抽生 40 厘米以上的枝条 30 个左右，总生长量达 10～12 米。

3 年生树，每株抽生长、中、短花束枝，总数 200～300 个，总生长量达 25～30 米，单株花芽有 25～40 个。

（二）促长、促旺技术

1. 定植当年

第一，在苗干一定高度处选饱满芽定干，定干剪口涂人工树皮，以利愈合。

第二，从剪口芽下第五芽开始，每隔3芽刻伤1芽，直到距地面30厘米为止。每个树干上至少刻5～7个芽，以利多抽枝。

第三，选一旺梢作为中心干延长梢，让它直立向上生长。其余新梢长到15厘米（半木质化时）长时，用牙签支开基角；立秋前10天，用开角器将基角拉到85°～90°，以缓和生长势。

第四，对竞争梢和其他过密新梢，待其长到20厘米时，留10厘米摘心，摘心后发出的2次梢留基部2～3芽摘心，以后发出3～4个梢，做同样处理。

2. 定植第二年

第一，中央领导枝剪留50～60厘米，其他剪法同前一年。

第二，中央领导干上，选留3个生长势均衡的枝条作为小主枝，不短截，单轴延伸，基角拉到85°～90°，其余长枝拉到95°～100°角。

第三，中央领导干上所有枝条（包括小主枝）距中央领导干20厘米以上，至顶端30厘米以内：背上芽，芽后刻伤；背下芽，芽前刻伤，两侧芽隔三差五刻伤，以促发大量短枝，对背上芽抽出的徒长梢，及时留10厘米摘心，二次梢长长再摘心。

第四，对上一年的竞争枝、密生枝发出的新梢仍应及时、连续摘心，以促生短枝。

第五，及时疏除主干上的萌芽、梢。

（三）早结果技术

大樱桃栽后树旺，难成花结果，一般5～6年才开始结果，亩产量仅几百千克。如今对大樱桃实行密植栽培措施，栽后2～3年结果，单株结果1～3千克。辽宁省绥中县李家堡乡幼树栽后第二年株产2～2.5千克，其砧木当地叫"串地龙"，嫁接后，栽后第二年几乎株株结果，若再采用密植技术，则产量还会提高。

1. 拉枝开角　春芽萌芽后，将直立的1～2年生枝用开角器将基角拉到90°以上，可显著提高萌芽率，形成较多短枝。秋季

（8月下旬至9月中旬），直立枝拉开角度在110°以上，其效果更好。如3年生那翁树拉枝开角后，当年成花株率为90％以上。

2. 刻芽＋摘心 2～3年生树，春季拉枝开角后，对其上、下两侧按要求刻芽增枝，再结合夏季（6月中下旬）对其新梢留5～10厘米摘心，当年会促生大量短枝，翌年可开花结果。对1～2年生粗枝的侧芽增枝，其发枝率达80％以上。所以刻芽和摘心是促进幼树早成花结果的主要措施之一。

3. 喷新型叶面肥PBO

例一：据丁通翔、于承广和张福兴报道（2001—2002年），在山东烟台市福山区，对36个大樱桃园进行了PBO应用。试验结果：①保护地栽培中，6年生红灯，花前12天，株施PBO 8克，柳黄果率比对照少一半，平均单果重增加0.9克，最大果重增加1.2克，可溶性固形物含量增加0.6％。②露地栽培中，品种红灯、拉宾斯、莫利于6月12日、6月26日喷200倍PBO 2次，结果表明，柳黄果率减少一半多，平均单果重增加0.7克，最大果重增加2.7克，可溶性固形物含量增加0.5％，株产增加3.1千克，是对照的3倍多。

例二：在辽宁省大连市金州区试验，据徐岩、王晶祥、刘仁岐报道（2006—2007年），供试品种为6年生砂蜜豆和红灯，供试浓度为100倍、150倍、200倍，不喷为对照，喷布时期为5月18日、6月20日、8月5日，调查结果见表10-2。由表10-2可见，处理树的短果枝和花束状枝明显增加。果实可溶性固形物含量稍有增加，株产增加1～3倍。

表 10-2 PBO 在大樱桃上的应用效果 （徐岩等，2006—2007）

处　理	品　种	短果枝（个）	花束状枝（个）	可溶性固形物含量（％）	株产（千克）
100倍	1*	182	707	18.2	15.3
	2*	106	567	16.3	8.8

续表 10-2

处 理	品 种	短果枝（个）	花束状枝（个）	可溶性固形物含量（%）	株产（千克）
150 倍	1*	112	382	17.9	14.7
	2*	61	353	15.8	9.1
200 倍	1*	86	196	18.1	5.8
	2*	37	116	16.2	3.6
对照	1*	31	118	18.1	4.7
	2*	24	83	15.9	4.1

注：1* 为砂蜜豆，2* 为红灯

例三：在甘肃省天水市试验，据刘兴辉、杨江生报道（2004—2005 年），试验地为天水市果树所大樱桃园，试验面积 10 亩，供试品种为 3 年生红灯，供试浓度为 200 倍、400 倍，5 月上旬叶喷。调查结果表明，PBO 对新梢的控制量：200 倍液为 54.71%，400 倍液为 61.21%；PBO 对成花的促进效果（花朵数/株）：200 倍液处理后成花 99 个，400 倍液为 97 个，对照仅为 18 个，说明促花效果十分明显。据天水市林业局康士勤建议，5 月中旬、6 月中旬、8 月初，对生长势强的品种（红灯等）喷 PBO 150 倍液，对长势弱的品种（砂蜜豆等）喷 PBO 200 倍液，可控长，促短枝和花束状枝（增加 3～5 倍）；7 年生以上盛果期树喷 PBO 150 倍液为宜，不但丰产稳产，而且果实鲜艳、光亮，十分诱人。

四、土肥水管理

（一）土壤管理

1. 土壤改良　各地大樱桃园的土壤突出问题是有机质含量低（<1%），土壤贫瘠、肥力低，含盐量高、pH 值过大或过小，

严重影响树体发育。因此，土壤必经改良，才能获得丰产优质。改土措施有：①深翻熟化。将活土层加厚到30～40厘米，这层土根量占全树80%左右。②客土换沙，在山丘薄地建园时，这项工作十分重要。③改良盐碱土，可采用深沟压肥、增施大量有机肥，勤中耕、种绿肥和地面覆盖等措施加以改造。

2. 果园覆盖

（1）覆盖有机物　即秸秆、杂草等，具体可参考其他章节，此处不加赘述。

（2）覆盖薄膜

①覆盖地膜　覆地膜在早春进行。整理树盘后追一次肥，浇一次透水，之后覆上地膜，可起到增温、保水、促根壮树的作用。

②覆黑膜　近年，甘肃省静宁县一带掀起果园树行覆黑膜的热潮，其作用除上述外，还能抑制杂草生长，节省除草用工。

果园行间生草的内容前面已有介绍，这里不再重复。

（二）科学施肥

1. 需肥规律

（1）养分集中供应　大樱桃前半年生长发育快，枝、叶、花、果、花芽的形成都集中需求、集中消耗、集中供应。

（2）对秋季贮藏营养依赖性大　春夏间，萌芽、开花、坐果、展叶、新梢生长以至成花，几乎都在消耗树体内的贮藏营养，凡是能增加贮藏营养的措施都显得特别重要。如秋施基肥、喷肥、保叶、树干涂肥等，都应按时、到位。

2. 施肥方式

（1）少量多次　大樱桃根浅，根系功能差，不宜一次性大量追肥，要坚持少量多次的原则。

（2）水肥并施效果好　大樱桃根系不抗旱，我国多地春旱严重，水肥并施最有利于根系吸收。例如追蒙力28肥，同时加水100～200倍，用施肥枪扎到土壤里，效果很好。1人操作，2个

小时可扎 1 亩地，工效较高。

（3）**多点浅施**　每株树冠大小不等，大树扎 8～10 个点，扎在树冠投影向里 50～60 厘米处，小树扎 4～6 个点，深度为 20 厘米，这也是根系集中分布区。毛细根发育好，则树上花芽质量高，果实品质佳。

（4）**多途径增加营养**　大樱桃根系弱，单靠根系吸收还不够，还可通过叶面追肥、树干涂肥（萌芽后、花期前后、落叶前往树干上涂、喷蒙力 28 肥）等途径增加营养。

3. 大樱桃施肥期及施肥种类

（1）**秋施基肥**

①早秋施肥的必要性　一是花芽分化需要充足的营养供应。二是正值根系生长高峰，切断的根系易愈合。三是高温多湿有利于微生物活动和肥料的腐熟。

②肥料种类　以腐熟有机肥和生物有机肥为主，如生物有机肥（蒙鼎基肥）的有机质含量为 25%～45%，有效活菌数 0.2 亿～10 亿个 / 克，速效养分 ≤ 6%～12%。

（2）**花前花后施**　主要是补充贮藏营养的不足。方法是地面穴施或沟施三元复合肥，或喷涂树干。

（3）**采果后施肥**　此肥称"月子肥"，树体正需补营养，可供新梢生长和花芽分化。可地面追肥和根注。

（4）**叶 面 肥**

①时期　花后 20～25 天至采果后 1 个月。

②次数　每 10～15 天喷 1 次，连喷 5～7 次。

③肥料品种　海绿素 2 000～3 000 倍液。新梢长到 10～15 厘米时喷 1 次 150～200 倍液 PBO，可提高果实产量、品质和促进花芽分化。采后 10 天内，再喷 1 次 150 倍液 PBO ＋ 0.3%～0.5% 尿素。相隔 15 天，再喷 1 次上述浓度尿素。

4. 施肥量　有机肥亩施 4 000～5 000 千克，混施生物有机肥 750～1 000 千克，同时混加全年用量 1/3 左右的三元复合肥。

具体施肥量还应看树施肥。①蒙鼎基肥，大树株施 4～5 千克，幼树株施 2～3 千克。龙飞大三元有机无机生物肥量因是颗粒包衣，释放缓慢，用量可酌减。②蒙力 28 涂干肥，初果期树亩用 10 千克左右，大树亩用 15～20 千克。③三元复合肥，大树亩用 1～2 千克，初果期树亩用 0.5～1 千克。

无机肥：①落花后 10～15 天追磷酸二氢钾 300 倍液，间隔 10 天再追 1 次，共 2～3 次。②采果后，喷 300 倍液尿素＋杀虫杀菌剂。③喷 1 次碧护 8 000 倍液，以提高贮藏营养水平和花芽质量。

（三）科学灌水

大樱桃需水规律如下。

1. 前期　春旱和旱地果园一定要及时供水，否则干旱会影响开花、坐果和果实膨大。

2. 中后期　降水过多会引起果树徒长和春季抽条，也容易造成裂果。

3. 灌水　要本着"少量多次、稳定供应"的原则，过旱、过涝都不利于树体发育和果实生长。

灌水和排水技术，可参考前几章有关内容。

五、整形修剪

（一）适宜树形

大樱桃生长势强旺、树冠扩大快，在较密栽植情况下，已基本不用大冠树形，而更多地选用各种纺锤形、主干形（松塔形）整形。

1. 总体要求

（1）**干高**　旱坡地、梯田地，定干高度为 60～80 厘米，川

水地、平地，定干高度80～100厘米。

（2）**侧生枝数（也称小主枝）** 改良纺锤形有10～12个，自由纺锤形有12～15个，细长纺锤形有15～20个，主干（松塔）形有20～22个，在中央领导干上螺旋上升，错落排列，无层间，同方向侧生分枝相距40～50厘米，其上只留结果枝或小枝组。

（3）**侧生分枝角度与长度** 下层分枝基角85°～90°，长度1～1.2米；中层90°～95°，长度1米左右；上层100°～110°，长度0.8米左右，主干（松塔）形100°左右。

2. 常见树形的整形方法

（1）自由纺锤形

①定植当年 定干后，从剪口芽往下第五芽至离地面30厘米止，每3个芽刻1个芽，要考虑到刻芽抽枝的方向。当新梢长到40～50厘米时，选定中央领导干，让它直立向上，占有优势位置。其余枝基角拉到85°～90°。注意剪口处、刻芽处用人造树皮封好，免得抽干，影响发枝。

②栽后第二年

第一，侧生枝全去掉法。春季萌动后，只留中央领导干延长枝，其余侧生枝全部留橛剪掉。在中央领导干延长枝上，每隔10～15厘米刻1个芽，共刻5～8个芽，刻芽口和剪口用人造树皮保护。延长头是否打剪，视其长势而定，一般弱者打头，强者不动。这种方法有助于加大干枝比。

第二，侧生枝全部长放法。中央领导头同上法处理，其余侧生枝全部长放、刻芽。方法是背上芽在芽后刻，背下芽在芽前刻，侧芽每隔10～15厘米在芽前刻。在抽生的枝条中，选3个不同方位的新梢作为侧生分枝，并拉开基角达95°～100°，并对强旺枝进行基部环割，结果1～2年后疏除。这种方法有利于早结果（1年结果）。

③栽后第三、四年 按侧生分枝全去掉法对树整形，中央

领导干继续刻芽、短截外，其余枝条全部拉枝刻芽，方法同上年。

按侧生分枝全拉平、刻芽法的树，中央领导干及各侧生分枝延长枝全部按照上一年的拉枝、刻芽法进行。

栽后第四年同第三年。

④栽后第五年及以后　以后树高达要求高度，可以考虑落头开心。

第一，除侧生分枝外，从中央领导干上发出的长梢，留5～10厘米重摘心，发生的副梢留4～5片摘心。此时正值5～7月份，如此处理过的枝条有60%～70%能形成腋花芽和花束状果枝。

第二，对从中央领导干上发出的长枝一律长放，只拉枝到100°～110°，然后刻芽（背上芽不刻），促生短枝花芽。

第三，对侧生分枝的背上直立梢重截，培养紧凑型枝组。

（2）改良纺锤形

第一，在自由纺锤形基础上，对基部培养的3个侧生分枝，于第二年春剪留40～50厘米，剪口处留外芽培养为延长枝。

第二，基部侧生分枝不留侧枝，所以只对其中截后，除剪口芽枝外，对其下2～4芽枝进行摘心，培养为小枝组。其余管理同自由纺锤形。

（3）细长纺锤形

①定植当年　当中央领导干上新梢长到20厘米左右时，除选定中央领导干延长梢外，对其余新梢从基部抬剪疏除。待其再发梢后，选出几个方向好的新梢作为侧生分枝，以拉开干枝比。当年将侧生分枝拉到80°～85°。

②第二年　中央领导头留50厘米短截。然后，在需要出枝的部位刻芽，对侧生分枝也要刻芽，中央领导干上发生的侧生分枝全部抬剪疏除，迫其再发副梢；而对侧生分枝上发出的新梢，在其长到10～15厘米时，反复摘心。5～9月份，将侧生分枝

拉到 90°。

第三、第四年参考第二年做法，连续处理树体基本成形。

（二）不同年龄时期树修剪

1. 幼 树 期

第一，以那翁品种为代表，其树姿直立、成枝力弱、长势旺、上强下弱、易光秃、以花束状枝结果为主，所以必须及时拉枝、枝组轻剪，宜中截，促分枝。

第二，以大紫品种为代表，其树姿开张、成枝力强、结果部位外移快，所以修剪时应调整树势至平衡，疏除密、旺枝，培养单轴延伸、松散型枝组。

第三，5～7月份，拉平枝上所有新梢，留基部 10 厘米左右摘心，以后对副梢留基部 2～3 片叶连续摘心 2～4 次，可促生短果枝花芽。

第四，侧生分枝到一定长度后也要摘心控制。强壮枝梢每生长到 15～20 厘米就对其摘心，促进成花。

第五，剪锯口要及时用人造树皮等愈合剂封好。

2. 盛 果 期

第一，侧生分枝上的下位枝可培养成单轴延伸型枝组，方法是待其延伸 25～30 厘米时轻摘心，再发分枝时留 4 片叶摘心，若再发分枝，则贴根抹除，翌年枝上芽眼会发育成花束状果枝。

第二，侧生分枝上的背上枝，每隔 30 厘米左右留 1 小枝组。方法是当背上芽梢长到 15 厘米左右时，留基部 3～4 片叶摘心，促分枝后，再去强留弱、去直留斜，培养成中型枝组。

第三，侧生分枝上其余新梢长 5～7 片叶（带大叶芽时），摘去梢尖及嫩叶；顶端萌发后，留 2 片叶摘心，若再发梢，则贴根抹除。其下部未萌发芽眼在当年多数成花，翌年结果后，疏除光秃的短果枝，并涂人造树皮保护。

第四，结过果的、未光秃的短枝，如果有空间，那么可轻

截培养单轴延伸的小枝组。连续缓放可形成密集的花束状果枝，5～6 年后可回缩复壮；对无果短枝，要缓放促花。

第五，采果后 10 天之内，及时修剪：①疏密。疏除树上过密、过旺、交叉、无发展空间的枝，以及结过果的光秃枝、细弱枝、下垂枝等。②回缩。对单轴延伸过长，影响行间通行的枝组或侧生分枝要回缩到适当部位。③内膛新梢留 5 厘米左右摘心，继续发枝、摘心，形成小枝组。外围枝可剪留 25～30 厘米摘心，并在剪后喷 1 次 150～200 倍液的 PBO 促花。

六、花果管理

（一）促花措施

1. 反复多次摘心

（1）**摘心时期**　一次是花后 7～10 天，另一次是 5 月下旬至 7 月中旬。

（2）**摘心对象**　前面已有叙述。这里强调的是：①幼树中央领导干上竞争性的新梢，留 10 厘米摘心。②4～6 生及 7 年生以上的树，对侧生分枝延长头连续多次摘心。

2. 喷 PBO　2010 年对甘肃省天水地区的 4 县区、56 个果园、多品种（红灯等）果树的试验结果比较理想，其要点如下。

（1）**喷布时间**　5 月中下旬、6 月中下旬、7 月底至 8 月初，共 3 次。

（2）**浓度**　4～6 年生树用 200 倍液，7～9 年生树用 150 倍液，10 年生以上树用 100～150 倍液。药中加入 4 000～6 000 倍液的复硝酚钠作黏展渗助剂，效果更好，同时还可加 8 000 倍液碧护，有壮树抗旱、抗病虫害的效果。

（3）**效果**　①新梢长度缩短 2/3～1/2。节间长度比对照减少 1/4～1/3。②产量：用 150 倍液处理的株产是对照的 1.1～3.1 倍。

③品质：果实鲜艳、明亮，销售速度快，售价每千克高0.4～1元。

（4）注意事项　①喷布时间在上午10时前或下午4时后，晚间喷效果更好。②要用雾化好的喷头。③可与酸性杀菌杀虫剂混用，可省劳力。④与拉枝、摘心相配合效果更好。

3. 喷肥和激素　①蕾期、花期、幼果期，叶喷海绿素或保花保果膨大素2 000～4 000倍液，补充营养、提高抗旱和抗高温能力。②花后15天，叶喷磷酸二氢钾，7～10天再喷1次。③采后疏枝后，喷300倍液尿素＋杀虫、杀菌剂，或追施3 000倍液海绿素，或追8 000倍液碧护，促花效果好。

（二）提高坐果率

1. 壁蜂授粉　其效率是蜜蜂的80倍，亩放蜂100～120头，蜂箱间距60～80米，放蜂期停止打药。

2. 萌芽后至花期　树干喷或涂蒙力28加1倍水溶液。

3. 防晚霜危害

（1）DCPTA　即增产胺、绿亨天宝、激活绿因子、植物生长精等，作用是增产提质、抗寒、抗旱、抗病、延缓衰老。

（2）M–JFN　内含微量元素、纯天然超强抗逆基因生物活性因子，深海生物提取物，植物免疫物质，光和增强剂，天然速效植物生长调节物质，可抗病毒剂及生物活性肽等。早春花芽膨大期即可喷施，能抗–4～–3℃严寒，喷后4小时即有防冻作用。使用浓度为1 200～1 500倍液。

（3）**碧护、芸苔素（绿霸）、甲壳素等**　这些药剂都有抗寒防霜功能。

（4）PBO　花前7～10天喷150～200倍液，可防花期–4℃～–3℃的低温。

（5）**促花授粉坐果酯**　内含甲壳素、络合肽、植物生长、授粉精、催花素、坐果素、膨果剂等。可有效缓解霜冻、严寒、干旱、干热风等带来的伤害。

（6）**组合药剂**　①促花授粉坐果酯 2 500 倍液 ＋ 1 500 倍液的 DCPTA。②2 000 倍液碧护 ＋250 倍液的 PBO。③促花授粉坐果酯 2 500 倍液 ＋ 复硝酸钠 5 000 倍液。④绿霸 2 000 倍液 ＋ 1 500 倍液的 DCPTA＋200 倍液的 PBO。⑤钛王 1 000 倍液 ＋ 绿霸 2 000 倍液 ＋ 复硝酸钠 5 000 倍液。

（7）**花期喷水**　若花期遇连续 3 天以上低温，可向树上喷水或 0.5% 白糖水，或 0.5% 的蜂蜜水，可提高园气温 1.3～3.1℃，起到防寒保花的作用。

（三）疏花疏果

1. 疏 花 序

（1）**人工疏除**　花序露红期包括疏除细弱枝上的花序，及弱小、晚开、密挤、多余的花序。花多时，每 10～15 厘米留 1 个花序；花少时，每 5～10 厘米留 1 个花序。

（2）**疏幼果**　一般每个花序留 3～5 个果，细心疏掉小果、病虫果、双果、晚着色果，留大果、好果、早着色果。从幼果硬核期至成熟前 10 天为疏果时期，这是提高优质果率最重要措施之一。

（四）防止裂果

第一，设施防裂。在国外，樱桃园上空会安装移动式或固定式防雨膜，可结合防鸟。

第二，采前喷 1 次果蜡。

第三，喷钙。国外果园在樱桃成熟过程中，利用弥雾机每 10 天喷 1 次钙。甘肃省天水市从花期至采果前 10 天，叶面喷金角钙 300 倍液，或海绿素 1 500 倍液，或稀土钙硼锌镁 800 倍液，或络合钛 1 000 倍液，每 10～15 天喷 1 次，连喷 3～4 次，防裂效果显著。

第四，树盘覆草、覆膜的果园比清耕园裂果明显减少。

（五）防止鸟害（只驱避、不杀害）

1. 仿生驱鸟 国外用录音磁带播放惨叫或天敌鸣叫的声音驱避害鸟，或用高频警报装置干扰鸟的听觉系统，或在树上挂猛禽模型或稻草人法惊吓害鸟。

2. 物理驱鸟

（1）**爆竹弹发射器** 利用节日烟花爆竹弹可起到一定的惊鸟作用。

（2）**超声波语音** 具有警告同类、赶鸟离开的作用。

（3）**煤气炮** 利用灌装煤气定时爆炸声吓跑鸟类。

（4）**反光三棱镜或废旧光盘** 将其挂在树上一定高度，让其随风飘动，四射反光，也有一定的驱鸟作用。

（5）**利用特制的驱鸟鞭炮** 其效果也比较理想。

（6）**塑料彩条** 亩挂 4～5 条，每条长 100 米，其作用期约30 天。

（7）**拉白线绳** 在行间纵横向拉数条白线绳，鸟误认为是网而避之，效果可达十多天。

（8）**智能驱鸟器** 鸟接近果园，装置自动启动，驱散来鸟。

（9）**防鸟网** 在树冠上方 1～1.5 米处拉好防鸟网，既可防鸟，又可防雹，一网两用。防鸟网各地均有应用，虽然造价较高，但效果非常好。

3. 化学驱鸟（药剂驱鸟） 驱鸟剂多由纯天然原料加工而成，布点后，慢慢释放出特殊气味，鸟雀闻后自动飞走，在其记忆期内不会飞回，有效期 15～20 天。剂型有原油、颗粒、粉剂、水剂、膏剂等。有挂瓶和喷布两种方法。药剂品种繁多，如鸟克、鸟遁、双宝、绿缘圆等十余种。用双宝驱鸟剂时，每小瓶100 克，加水 3 升，挂于树上，亩挂 50～60 个。效果很好，有效期 15 天左右。

七、病虫害防控

（一）主要病害

1. 根癌病（根瘤病）

（1）**危害部位**　在根颈、侧根、嫁接口处肿大为球形、扁球形，根瘤表面粗糙，凹凸不平，导致死根、死树。幼龄树发病严重时，病株率达40%～60%，达毁园程度。病原菌为细菌。

（2）**防治方法**

①不在重茬地育苗　尽量繁育无病苗木。

②苗木消毒　嫁接口用1%硫酸铜浸5分钟，再放入2%石灰水中浸1分钟，以杀死根部细菌。

③利用K84　幼苗栽前用根癌宁30倍液蘸根；幼树扒开根颈处土壤，用根癌宁30倍液灌根，每株用1～2升。

④刮治　发现病瘤用利刀及早切除，伤口用5波美度石硫合剂，或3%DT杀菌剂30倍液涂抹伤口。

⑤保护树体　作业时不制造伤口；增施有机肥和酸性肥料，采用滴灌、渗灌技术，防止病菌顺水传播。

2. 流胶病　该病是大樱桃最严重病害之一。

（1）**危害部位**　主干、大枝、侧枝，流胶树树势衰弱，重者大枝死亡。

（2）**防治方法**

①农业措施　加强综合管理，增强树势，提高抗病能力。一是增施生物有机肥，控制氮肥，将土壤有机质含量提高到2%以上。二是保护枝干，不造成机械伤和虫伤。三是注意控水，平地、低洼地修筑台田（离出地面30厘米）不宜大水浸灌。四是重视清园，清理病枯枝。

②化学防治　一是萌芽后，喷高浓缩强力清园剂600～800

倍液，铲除树体上各部位的越冬病菌。二是6月上旬、8月上旬、9月上旬对枝干喷、涂2%武夷菌素水剂800～1000倍液，或50%氯溴异氰尿酸100倍液，或20%松脂酸铜水剂1500倍液，防控病菌再侵染。三是土法防治。清除流胶后，抹紫药水；配置涂剂，配方是生石灰10份+25波美度石硫合剂1份+食盐2份+花生油0.3份+适量水，将其搅匀成糊状，涂于流胶处；封冻前按1∶4∶0.5∶20配比的硫酸、石灰、植物油和水的混合液涂枝干；用10千克蒙力28肥+0.25千克辛菌胺喷涂枝干，效果很好。

3. 樱桃穿孔病

（1）**危害部位** 该病主要危害叶部，其中包括细菌性穿孔病、真菌性穿孔病、霉斑穿孔病及褐斑穿孔病。

（2）**防治方法**

①**农业防治** 合理修剪，树冠通风透光；搞好清园工作，控制氮肥用量，注意控湿排水。

②**化学防治** 芽膨大期喷50%氯溴异氰尿酸1000倍液+70%恶霉灵1000倍液+1.4%复硝酚钠5000倍液。5～6月份，交替喷施2%武夷菌素水剂1000倍液，或20%松脂酸铜水剂1000倍液，或50%咪鲜胺1000～1500倍液均可。间隔15～20天喷1次，连喷3～4次，均加入1.4%复硝酚钠6000～10000倍液，以提高防治效果。

4. 樱桃病毒病 樱桃树可受30种病毒侵害，可造成树弱、减产、果品差。

（1）**危害部位** 叶片、枝、果、芽等。

（2）**防治方法** 常见病毒有樱桃坏死环斑病、樱桃褪绿环斑病、樱桃锈斑驳病等。其防治方法：①使用无病毒砧木和接穗，避免与梨树混栽。②注意修剪工具的消毒，可用75%的酒精等消毒。③有效防治蚜虫、介壳虫等刺吸式口器害虫和根际线虫。④化学防治。一是树上喷施。花后，喷31%马琳·三氮唑900～

1 200 倍液，或 20% 吗啉·乙铜 1 000 倍液，均要加入 1.4% 复硝酚钠 6 000～10 000 倍液，以提高药效。二是树下浇施。病重树，株施 50% 氯溴异氰尿酸 20 克，或 31% 吗啉·三氮唑 50 克，或 20% 吗啉·乙铜 30 克，加水 20～30 升浇树盘。三是树干涂施。用 50% 氯溴异氰尿酸 20 克 +1.4% 复硝酚钠 30～50 毫升 + 清水 25 升，喷、涂树的枝干，每年涂 2～3 次，间隔期 30～50 天。

（二）主要虫害

1. 桑白蚧（树虱子、桑介壳虫等）　欧洲将其列为检疫对象，是大樱桃主要害虫，其危害严重。

（1）**危害部位**　以 2～3 年生枝条为主。

（2）**防治方法**

①农业防治　刮粗皮，用钢丝、硬毛刷等刷枝干上的虫体。剪除被害枝条。

②化学防治　一是萌芽后，喷高浓缩强力清园剂 600～800 倍液。二是 3 月下旬至 4 月下旬，喷 26% 吡虫啉·敌敌畏 800 倍液。三是 4 月下旬至 5 月上旬，喷 2% 阿维·氟氯氰水剂 2 500 倍液 +20% 啶虫胺 7 000～10 000 倍液。四是 5 月下旬至 8 月下旬，交替喷 20% 啶虫脒 7 000～10 000 倍液。

喷上述药剂都要加 1.4% 复硝酚钠 6 000～10 000 倍液，以提高药效。

③生物防治　利用果园生草来饲养、繁殖天敌，如瓢虫类（小黑瓢虫、黑缘红瓢虫等）、草蛉、食蚜蝇、跳小蜂等。

2. 害螨（果台螨、苹果叶螨、山楂叶螨、二斑叶螨）

（1）**危害部位**　主要危害叶片、果实。

（2）**防治方法**

①生物防治　饲养、释放捕食螨（西方盲走螨、东方钝绥螨等），生草繁衍天敌昆虫（深点食螨瓢虫、中华草蛉、小黑花蝽、塔六点蓟马）。

②农业防治　树干围诱虫带。

③化学防治　一是花芽膨大期喷 10% 阿维·哒螨灵 2 000 倍液。二是落花后 7～10 天喷 20% 四螨嗪悬浮剂 2 000 倍液。三是 5 月下旬至 6 月初喷 12% 阿维·三唑锡 2 000～3 000 倍液。四是 6 月下旬喷 73% 炔螨特 3 000 倍液。五是 7 月份以后喷 10% 浏阳霉素 1 000 倍液，防效较好。

3. 红颈天牛

（1）**危害部位**　主要危害枝干。以幼虫在枝干内蛀食危害，引起流胶，削弱树势，严重时，造成大枝或全树死亡。

（2）**防治方法**　①检查虫孔、虫粪，用小刀或钢丝刺死卵和幼虫。②敌敌畏稀释 20 倍液后浸泡棉球，堵塞虫孔，再用黄泥封堵粪孔，效果极佳。③人工捕杀成虫。④在成虫发生期枝干涂白。涂白剂配方为生石灰 10 份、硫黄粉 1 份、水 40 份。

第十一章
SOD 核桃生产配套技术

一、对环境条件的要求

（一）温　度

核桃树是喜温怕冷树种，温度是限制核桃分布的决定性因子。

1. 普通核桃　适生区平均温度 9～16℃，极端最低温度为 -25℃，极端最高温度为 35～38℃，有霜期在 150 天以下。休眠期，幼树在 -20℃条件下易出现冻害；成年树虽能耐 -30℃低温，但低于 -28～-26℃时，枝条、雄花芽、叶芽均易受冻。在乌鲁木齐、伊宁地区，极端最低气温可达 -37～-34℃，核桃树呈小乔木或灌丛状，不能结果。果树在生长期间，如展叶后，外界降温到 -2～-4℃时，则易受冻减产；在气温超过 38～40℃时，果实易受日灼危害，致使核仁不发育，形成空苞。

2. 泡核桃　要求的温度是年均温 12.7～16.9℃，最冷月平均气温 4～10℃，极端最低温度为 -5.8℃，低于此温度果树难以越冬。

3. 主产区温度

表 11-1　主产区气象资料

地　区	年均温（℃）	极端最低气温（℃）	极端最高气温（℃）	年降水量（毫米）	年日照量（小时）
新疆库东	8.8	-27.4	41.9	68.4	2 999.8
陕西咸阳	11.1	-18	37.1	799.4	2 052
山西汾阳	10.6	-26.2	38.4	503	2 721.17
河北昌黎	11.4	-24.6	40	650.4	2 905.3
辽宁大连	10.3	-19.9	36.1	595.8	2 774.4
云南漾濞	16	-2.8	33.8	1 125.8	2 212

（二）海拔高度

核桃对海拔的要求因地而异。在北方，核桃多栽培在海拔1 000米以下的地方，如在辽宁绥中，核桃栽于海拔500米以下地区，高于500米会因冬日严寒而不能正常生长。在中部地区，如秦岭以南，核桃多分布在500～1 500米地带，陕西洛南地区的核桃在海拔700～1 000米处生长良好。在南方，如云南、贵州地区，核桃在海拔1 500～2 000米之间生长正常，其中，云南漾濞地区，海拔1 720～2 100米为泡核桃适生区。

（三）日　照

核桃属于喜光果树，日照时数、强度对核桃生长、成花、坐果都有重要影响。盛果期树要求全年日照时数在2 000小时以上，低于1 000小时，果实发育不良。新疆阿克苏地区、库车地区光照时数在1 500小时以上，核桃高产优质。

（四）土　壤

1. 土层　要求土层深厚，大于1米。

2. 土壤类型 最适宜类型为沙壤土和壤土。黏重板结土壤、贫瘠土壤，不利于核桃生长和结果。

3. 土壤酸碱度 适应范围 pH 值 6.2～8.2，最适范围为 6.5～7.5，即中性或微碱性土壤。

4. 土壤含盐量 含盐量应在 0.25% 以下，稍微超过即对核桃生长结果有不良影响。

（五）水　分

核桃对降水量的适应能力因种群、品种而异。云南泡核桃分布区年降水量达 800～1 200 毫米时，生长良好，干旱年份则减产；相反，新疆早实核桃性喜干燥气候，若引种到降水量 600 毫米以上的地区，则易感染病害。核桃可耐干燥空气，但对土壤干旱十分敏感。土壤干旱影响根系吸收水分，易导致落叶、落花、落果；土壤过湿或长期积水，则易造成根系窒息、腐烂、青皮早裂，坚果变褐。

（六）坡度与坡向

1. 坡向 山坡基部或山麓地带土层深厚，水分状况好，核桃树生长结果明显好于山坡中上部的树。

2. 坡度 核桃适于在 10° 以下的缓坡地带栽植。坡度大时，宜修水保工程。

二、高标准建园

（一）选用嫁接苗

其优点是：①能稳定保持原母体的优良性状，加速实现核桃良种化。②显著提高产量和品质。嫁接苗核桃亩产量是实生核桃的 3 倍，质优且稳定。③能早结果。晚实型实生核桃栽后 8～10

年结果，早实型实生核桃栽后 3～4 年结果，而嫁接苗则分别提前 5 和 1 年结果。④有利于矮化密植栽培。⑤充分利用核桃种质资源。利用优异的野生资源嫁接核桃，可实现早实丰产和扩大栽植的目的。

（二）选栽壮苗

1. 嫁接苗木的分级　苗木分级十分重要，它可提高栽植成活率和整齐度。核桃嫁接苗要求接合牢固、愈合良好；接口处没有"大小脚"现象；苗干通直，充分木质化，无冻害、抽干、机械伤以及病虫害等。嫁接苗国家标准见表 11-2。

表 11-2　核桃嫁接苗的质量等级

项　目	一　级	二　级
苗高（厘米）	>60	30～60
基颈粗（厘米）	>1.2	1～1.2
主根长（厘米）	>20	15～20
侧根数（根）	>15	>15

2. 苗木质量要求　①品种纯正；②主根 20 厘米以上，侧根 15 条以上，无病虫害。③苗高 1 米以上，干径不小于 1 厘米，须根较多。④苗龄 2～3 年生。

（三）园地选择与准备

园地选择条件：平地与缓坡地均可。土壤以壤土和沙壤土为宜，土层厚度在 1 米以上，地下水位距地表 2 米以上。土壤 pH 值核桃为 7～7.5，泡核桃为 5.5～7。坡度为 15°～20°，坡向以开阔向阳面较好。

在搞好果园总体设计的基础上，栽前平整好土地，做好水土

保持工作，改良土壤，增施有机肥；山地按等高栽植，平地做好防碱防涝工程。

（四）栽植时期

1. 春栽　在冬季温度低，冻土层深、多风、干燥的地区，为防止抽条现象发生，提倡核桃春栽。春栽后及时灌水，防止春旱，提高苗木成活率。

2. 秋栽　落叶后至土壤结冻前（10～11月份）均可秋栽，但要加强越冬防寒工作。

（五）栽植密度与方式

1. 一般栽植　①晚实型核桃，土肥水条件好，5米×6米和6米×7米。若土肥水条件差，以4米×6米为宜。②早实核桃以4米×5米为宜。③果粮间作地块，以6米×12米或7米×14米为宜。

2. 授粉树搭配　建园时，最好选用2～3个能相互授粉的主栽品种。若配授粉树，可按每6～8行主栽品种配1行授粉品种的方式定植。在山地，主栽品种与授粉品种最大距离不要超过100米，其比例为8:1，要求二者的雌花期一致。

（六）精心栽植

1. 精心分级　按苗木粗细、成熟度、芽子饱满度完整度、根系大小等，将待栽苗木分成一、二、三类，分堆放。

2. 根系处理　将要栽的苗木，剪齐伤根和毛茬后放入水中浸泡1个昼夜，但水中要放入生根粉或碧护，1克碧护药剂配15升水，有利于发根。栽前，根系蘸黄泥浆，以利苗木成活。

3. 按株、行距定好栽植点　最好是拉线定点和栽植，具体可参照石榴部分。定植点挖深度、直径分别为0.6～0.8米的穴，穴中将足量腐熟的土粪与表土混匀填入坑内，离地面20厘米左

右，灌水沉实。

4. 栽植深度　根颈与地表相平，栽好后修树盘灌水，7 天后再灌水 1 次，水渗后，树盘覆 1 米 ^{2} 地膜，四周压严；中间在苗干与地膜穿透处堆小土堆，以防膜下热空气灼伤苗干，造成死树。

5. 栽后管理

第一，秋栽苗在上冻前树干涂白，较矮的苗木用土埋好；较高苗木，可压倒覆土；也可用塑膜包严，翌年春扒土，去膜。

第二，成活的苗木要及时抹除下部侧芽和砧木上的萌芽，并摘除雌、雄花序。

第三，栽后第一年若遇严重干旱，则要浇水保活。中后期，树上、根外追磷酸二氢钾。

第四，幼园在留足营养带前提下，可间种矮秆作物、中药材等。

第五，当年冬，往树干上涂蒙力 28 加 1 倍水，增加贮藏营养，保护苗木越冬。

第六，春季往树上喷 100～150 倍羧甲基纤维素，防抽条。

三、土肥水管理

（一）土壤管理

1. 废除清耕制　我国核桃园长期以来都采用清耕制，这是一种传统方法。它要求果园全年保持疏松无杂草状态，一般秋季深耕，春季创园，夏季中耕除草 3～5 次。优点：①有效控制株行间杂草，消除或减少杂草与果树对水和养分的争夺；②显著提高地温，减少旱季水分蒸发，克服雨后、灌水后土壤板结，有利于土壤通气和有机质分解。缺点：①经常破坏土壤表层结构，浪费地力；②表层根易被铲断，水土流失严重。因此，清耕制在世

界范围内已被逐渐淘汰，我国也在缩小果园清耕制面积。

2. 推行生草制

（1）**生草制的特点**　生草制已成世界趋势，生草制的优点：①增加土壤有机质和养分含量。据国外试验，10 年生草区有机质含量在 0～20 厘米土层中为 3.33%，清耕区为 2.16%；在 20～40 厘米土层中，分别为 2.9% 和 0.73%，效果十分显著。②保持水土。生草区水土流失量分别比清耕区减少 50% 和 90% 以上。③减少土表温度变幅，有利于根系的发育。④利用土壤中过多水分和养分。⑤便于行间人和机械作业。⑥节省劳力等费用 13% 左右。⑦保护害虫天敌和减轻落果摔伤率。⑧增产。据国外 22 年生草试验，生草区果实产量在前期与清耕区差不多，后期增产约 30%。

但生草后也有不足之处：①草不及时刈割会老化，长得太高会影响树冠通风透光。②刈割宜用机械，人工有时忙不过来。③干旱时会发生草、树争水现象。④生草多年的果园土表板结，需翻压更新。⑤生草园表层上浮，果树易受冻害。⑥生草园秋季不割低时易生火灾，须防范。⑦生草园给部分果树病虫害造成潜伏场所，有时会招引兔、鼠危害，需注意防范。

（2）**生草方式**　①按生草年限可分为短期生草和长期生草 2 种。②按草的分布可分为全园生草、行间生草和株间生草 3 种。③按草的来源可分为自然生草和人工种草 2 种。

（3）**生草方法**

①自然生草　此法简单易行，省工省钱，当地有什么草长什么草。通过多次刈割，可筛选出不怕刈割的草种，如各种禾本科草。

②人工种草

草种选择：一种是禾本科草，其中有鸭茅草、紫羊弧茅草、高羊弧茅草、鹅观草、黑麦草、多年生黑麦草、野燕麦草；另一种是豆科草，如三叶草（有红三叶、白三叶两种）、小冠花、苕

子等。两类草混播对改良土壤十分有效。

播种期：自春至秋均可播种。

播种量：禾本科亩播种量2.5千克，豆科与禾本科混播时，用种量0.1～1千克。

草层管理：当播种的草苗高3～5厘米时，人工拔除其他杂草，当草高30厘米以上时，开始刈割，留茬高度8～10厘米，全年刈割3～5次，将割下的草撒于原地或覆盖于树盘，或深埋，或作绿肥用。在生草后的几年里，早春应比清耕园多施50%的氮肥，生长期内果树叶面追肥3～4次，避免果树因生草而衰弱。

生草5～7年后，草层老化，应在春天翻压，经1～2年休闲，再重新播种。

3. 提倡覆盖制 可参考第五章石榴生产配套技术部分。

4. 合理间作制 核桃树体较大，栽植时行距较宽，一般为5～7米，为了"以短养长"，增加早期效益，常间作农作物、药材和苗木等。这是我国果园土壤管理上的一大特点。在合理间作情况下，果树与间作物矛盾较小，但若间作物种得过多，则矛盾较大，会显著影响果树早期产量。因此，果树种间作物必须以不影响果树为前提，牢固建立以核桃树为主业的经营理念。

（1）**间作原则** ①间作物只限于果树株行间或缺株空地，并与果树保持一定距离。栽后第一年间隔在50厘米以上，逐年扩大，当树冠基本交接时，应停止间作。②旱地核桃树，选用生长期躲过旱季的作物种类。③树盘内或树带内，应保持清耕或免耕。

（2）**间作物的选择** 应根据行间宽窄、间作习惯、土壤、水利状况等，因地制宜选择间作物种类。①选择生长期短，与核桃树争肥、争水、争光矛盾不大的作物，如矮秆药材、花生、油菜等。②选择适应性强，能提高土壤肥力和改良土壤结构的作物，如各种豆科绿肥、黄豆、黑豆、红豆等。③选用经济价值较

高，又与核桃无共同病虫害的作物，如西瓜、甜瓜和某些药用植物，如黄芪、党参、白芍等。④不应种植高秆、喜水作物，如高粱、玉米、白菜等。更不宜种各种果苗，因为苗木需水多、灌水频繁，吸收同样营养元素会导致果树徒长和缺素症状，更不利于核桃安全越冬和早结果。

（3）间作范围和方式

①间作范围与年限　间作时，要留出足够的树盘和树带。树带宽度：1年生树为1米，2年生树1.5～1.65米，3年生树2～2.5米，4年生树3米左右，稀植园可间作5～6年，密植园2～3年，因园而异。

②轮作倒茬　各地轮作情况多有不同：辽宁省辽西地区为花生—豆类—甘薯—花生，或与绿肥作物轮作，如谷子—大豆—甘薯—花生；山东省为花生—甘薯—豆类—花生或甘薯；其他地区为瓜类—菜类—豆类—薯类，或与绿肥作物轮作，如药材—瓜类—菜类—豆类。

③种植绿肥作物　如紫花苜蓿、百脉根、小冠花、扁茎黄芪等。

（二）合理施肥

1. 施肥时期

（1）基肥施肥期

①秋季　基肥是全素性肥料，肥效发挥慢，其施肥期以早施最好，晚秋或初冬施用效果就差些。有条件的核桃园，可在采后至落叶前完成，此期温度高、湿度好，农家肥分解较快，根系断后易愈合、易长出新根。

随基肥一起施入一定量的化肥比单施有机肥效果更好。有机肥量足，可将全年化肥用量的1/3～1/2配合施入；有机肥量不足时，应将全年化肥用量的2/3作基肥施入。

②春季　基肥虽可补施，但其效果差，发挥肥效时正赶上长

秋梢，所以不提倡春施。

（2）化肥追肥期

①萌芽至开花期（4月上中旬）　化肥作用是促进开花、坐果和新梢生长，以速效氮肥为主，追全年追肥量的一半。

②幼果发育期（6月份）　施复合肥，以速效氮肥为主，配合磷、钾肥施入，可促进果个发育，防止和减少落果，促进新梢木质化和成花，追肥量占全年追肥量的30%。

③硬核期（7月份）　以氮、磷、钾三元复合肥为主，作用是让坚果种仁饱满，施用量占全年追肥量的20%左右。

2. 施 肥 量

（1）核桃需肥特点

①吸收总量　核桃树每形成1吨木材，需从土壤中吸收磷0.3千克、钾1.4千克、钙4.6千克。每生产1吨核桃干果，需从土壤中吸收氮14.65千克、磷1.87千克、钾4.7千克、钙1.55千克、镁0.93千克、锰31克。

②肥料利用率　氮50%、磷30%、钾40%、绿肥30%，圈肥和堆肥均为20%～30%。

③土壤供肥量　氮肥为总含量的1/3，钾、磷约为总含量的1/2。

（2）施肥标准

①早实核桃　1～10年生核桃树，每平方米树冠投影面积年施肥量为氮肥50克、磷肥20克、钾肥20克、有机肥5千克。成年树应增磷、钾肥量，氮、磷、钾配比为2:1:1。

②晚实核桃　在中等肥力下，每平方米树冠投影面积年施肥量：1～5年生核桃树为氮肥50克，磷、钾肥各10克；6～10年生核桃树为氮肥50克，磷、钾肥各20克，有机肥5千克。

不同年龄、时期施肥标准见表11-3，具体可因地制宜，灵活掌握。

表11-3 不同年龄、时期核桃施肥标准

年龄时期	树龄（年生）	株平均施肥量（有效成分）（克）			株施有机肥（千克）
		氮	磷	钾	
幼树期	1～3	50	20	20	5
	4～6	100	40	50	5
初果期	7～10	200	100	100	10
	11～15	400	200	200	20
盛果期	16～20	600	400	400	30
	21～30	800	600	600	40
	>30	1 200	1 000	1 000	>50

引自：《核桃标准化生产技术》（曹尚银、李建中，2010）

3. 施肥方法

（1）地面施肥

①环状沟施肥法 核桃幼树期逐年扩穴叫"放树窝子"，常用此法施肥。结合施基肥，效果较好。

②条沟施肥法 多用于幼园、密植园和有机肥不多的情况。

③放射状沟施肥法 多用于成年树施用化肥、复合肥。

④穴施 在树冠投影处内外50厘米处，视树冠大小，挖4～10个穴，穴深、直径均为30～40厘米。生物有机肥（与土拌匀）常用穴施。

⑤撒施 大树根系布满全园，有机肥、无机肥撒满树盘（离主干一定距离），然后浅刨入土。

⑥根注 用施肥枪将有一定压力的液体肥（浓度适宜）注入根系集中分布区，深度20厘米左右。每株树下扎4～10个眼便可，一般1人1天可根注2～3亩核桃园。

（2）叶面追肥 将肥料配至不会伤害叶片的浓度，喷布到叶面上，方法简单、见效快，用量少，可与农药混喷，经济实用。这项技术已经普及，不加赘述。

（3）**枝干涂肥** 这是近年兴起的追肥方法，可在萌芽后、花期前后或 10 月份至落叶前进行。用肥原液或配成一定浓度水溶液往树干或主枝基部喷、涂，但不要碰到叶子。如喷蒙力 28（加 1 倍水）、氨基酸复合微肥（奇蕊牌）等。

（三）科学灌水

1. 灌 水

（1）**靠自然降水** 一般年降水量为 600～800 毫米，且分布较匀的地区，可以满足核桃树对水分的需要，我国南方绝大部分地区及长江流域的陕南、陇南地区，年降水量都在 800～1 000 毫米或以上，一般不需要灌水。

（2）**人工补充灌溉** 北方核桃产区年降水量多在 500 毫米左右，且分布不匀，常出现春夏干旱，甚至秋旱，需要补充灌溉。一般田间最大持水量低于 60% 时补水。生产上，常在下述时期灌水。

①萌芽前后 3～4 月份，正值春旱季节，此时树体萌芽、抽梢、展叶，需要一定量水分。

②花后至花芽分化前 5～6 月份，果实进入速长期，几乎占全年的 80%，6 月下旬，雌花芽也开始分化，常需大量水分供应，尤其在硬核期（花后 6 周）更应灌水，以利果仁饱满。

③采收后至落叶前 10 月末至 11 月初，结合秋施基肥再灌水 1 次，有利于果树越冬和翌春萌芽、开花。

在无灌溉条件地区，增加各种蓄水保墒措施，如冬季积雪、春季覆膜及其他水保工程等。

2. 排水 核桃树对水分十分敏感，积水时间长，叶黄萎蔫，根系死亡；地下水位过高，也严重影响根系发育。排水方法有以下 4 种。

（1）**修台田** 台田内堰留出深 1.2～1.5 米、宽 1.5～2 米的排水沟。

（2）**挖排水沟**　可在园边挖，也可在园内挖若干条排水沟，及时将积水排出园外。

（3）**降低地下水位**　在地下水位高的核桃园，可挖2米左右深的排水沟，将地下水位降至1.5米以下。

（4）**机械排水**　在小面积核桃园积水多时，可用水泵排水，及时有效。

四、整形修剪

（一）树形选择

1. 疏散分层形

（1）**树体结构**　有明显的中央领导干，有6～7个主枝，分2～3层排列，形成半圆形或圆锥形树冠。

（2）**树形评价**　骨干枝结合牢固，枝量大，结果部位多，负载量大、产量高、寿命长，但后期通风透光差，内膛光秃，表面结果，产量迅速下降。该树形适于稀植栽培和生长条件较好的地方。

（3）**整形方法**

①培养第一层主枝　定干当年或翌年，在定干处以下，选留3个方位合适（方位角各为120°）、生长健壮的枝条，培养第一层主枝。层内距20厘米左右，最好是错落较远的，避免"掐脖"现象的发生。主枝基角60°以上，腰角70°～80°，其余枝条均疏除。

②培养第二层主枝　晚实核桃5～6年生、早熟核桃4～5年生，且出现壮枝时，可着手选留第二层主枝，第二层主枝与第一层主枝错位选留1～2个，避免重叠。同时，在第一层主枝上的合适位置选留2～3个侧枝。要求第一侧枝距主枝基部：晚实核桃为60～80厘米，早实核桃40～50厘米。若全树只留2层主枝，则晚实核桃层间距为2米左右，早实核桃为1.5米左右。

③培养第一、第二层主枝上的侧枝 晚实核桃6～7年生、早实核桃5～6年生时，继续培养第一层主、侧枝，选留第二层主枝上的1～2个侧枝。

④选留第三层主枝 早实和晚实核桃7～8年生树，选留第三层1～2个主枝。第二、第三层间距：晚实核桃为2米左右，早实核桃为1.5米左右，并在最上部主枝的上方落头开心。各层、各级侧枝交互排列，避免交接拥挤。侧枝与主枝夹角以45°～50°为宜，方向以背斜侧为好（图11-1）。

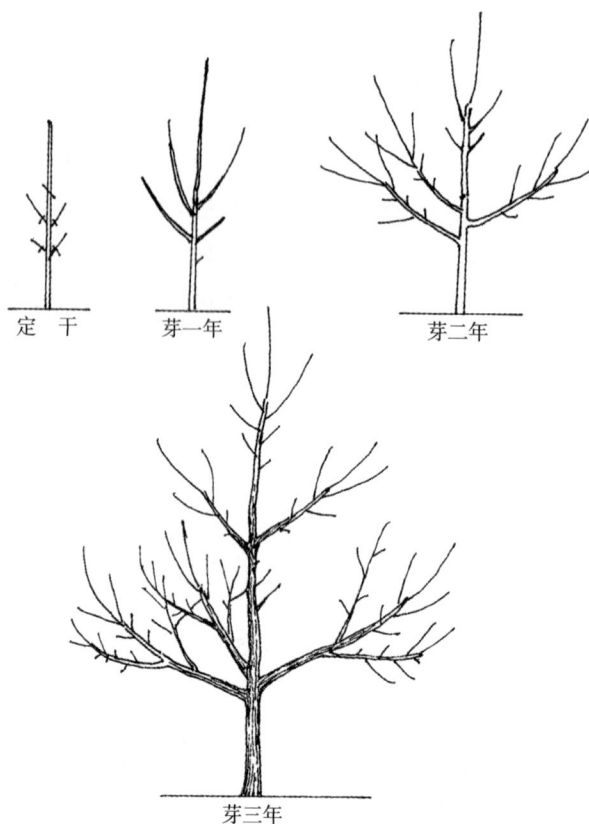

定　干　　　芽一年　　　　芽二年

芽三年

图 11-1　疏散分层形整形过程

　　在整形过程中，要注意主从关系，确保骨架牢固。栽后 4～5 年，树形初成，8 年后，主、侧枝均已选出，整形工作基本完成。

　　2. 自然开心形　该形只有主干而无中央领导干，通常只留 2～4 个主枝。开心形核桃树有两大主枝、三大主枝和多主枝自然开心形，但以三大主枝较多见。又据张开角度可将树形分为多干形、挺身形和开心形。整形方法如下。

　　（1）选定基部主枝　晚实核桃 3～4 年生、早实核桃 3 年生时，在定干高度以下，选方位角合适（各为 120°）的 2～4 个健壮枝条作为主枝，层内距 20～40 厘米，主枝间维持角度和生长势等的平衡关系。

　　（2）选留一级侧枝　每个主枝上可留 3 个左右的侧枝，第一侧枝距主干：早实核桃为 0.6 米，晚实核桃为 0.8～1 米，各主枝上侧枝要左右排列，顺序一致，分布均匀。

　　（3）选留二级侧枝　在第一主枝一级侧枝往上选留 1～2 个 2 级侧枝，其上培养枝组。第二主枝的一级侧枝数为 2～3 个，第一、第二主枝上侧枝间距：晚实核桃为 1～1.5 米，早实核桃为 0.8 米左右。

　　至此，树体基本整形完成，以后则要注意调节各主枝间枝量、角度、生长势等的平衡（图 11-2）。

　　3. 主干形　该形又称柱形，其结构极其简单，即以中央领导干为中心，其上均匀分布 12～15 个小主枝（或称侧生分枝、枝组），在整形过程中，要保持中央领导干的绝对优势，对于小主枝可随时更新，经常处于年轻状态，充满活力，结果能力强，丰产性好。该形适宜在早实核桃密植丰产园采用。整形方法如下。

　　苗木栽后，于 1 米高处定干。当新梢长到 20 厘米左右时摘心，促发分枝。小主枝延长头长到 20～25 厘米时再摘心，以促分枝；注意控制好竞争枝，以保证中央领导干的绝对优势。小主枝间距 15～20 厘米，螺旋上升，错落排列。3～4 年可完成整

定 干 　　　芽一年 　　　芽二年

芽三年

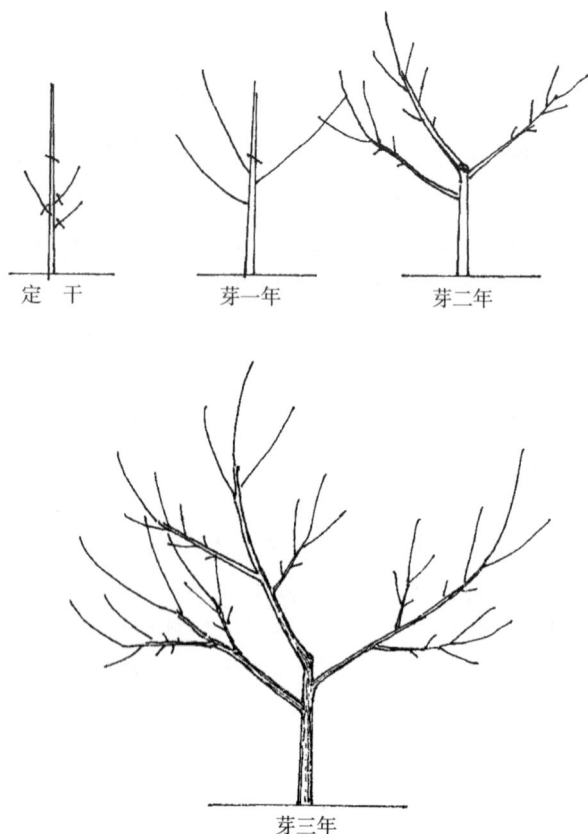

图 11-2　核桃树自我开心形整形过程

形任务，轮廓是上小下大、外稀里密。小主枝的粗度不能超过中央领导干的 1/3（图 11-3），即干枝比 1∶0.3 左右。

（二）修剪时期

1. 休眠期　从生长和结果方面考虑，休眠期修剪优于春、秋季修剪，因为休眠期修剪主要是水分和矿质营养的少量损失，秋剪时叶片减少会影响营养回流和贮备，春剪树体易衰弱。

2. 生长季修剪　春剪损失养分多，树势较弱。立夏至小满

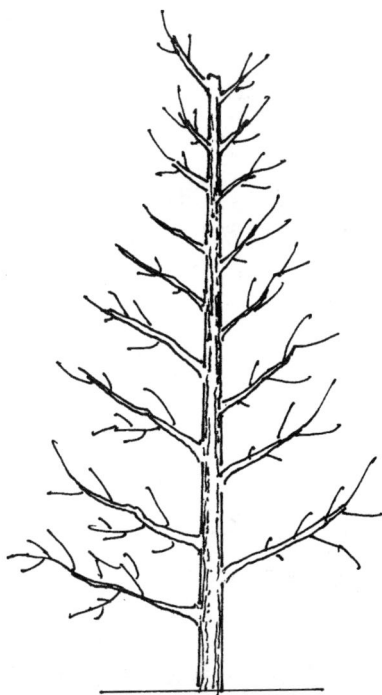

图 11-3 核桃主干形树体结构

修剪有利于合理选留枝组，伤口到秋季可愈合。白露至秋分修剪可清理病虫枝、重叠枝、背后枝、徒长枝等。

（三）修剪方法

1. 短 截

（1）**短截发育枝** 一般剪留 1/4～1/2，可促生 3 个左右的长发育枝。

（2）**戴帽剪** 在一、二年生年痕处以上 5～10 厘米处修剪，但中、短枝或弱枝不宜戴帽剪。

（3）**摘心** 有利于促生分枝，充实枝条，安全越冬，促生花芽。

2. 疏枝　疏枝对象为雄花枝、病虫枝、干枯枝、交叉枝、重叠枝和徒长枝等。疏枝可节约树体营养，改善树冠通风透光条件。疏枝不可留桩，否则伤口不易愈合，并易干枯、染病、死亡。

3. 缓放　除直立徒长枝不宜缓放外，其余枝缓放效果均较好。水平枝缓放，其后部易发小枝，有利于成花（图 11-4）。

图 11-4　核桃水平枝缓放，其后部抽出小枝多

4. 回　缩

（1）**作用**　一是更新复壮，二是局部抑制。

（2）**方法**　细长下垂枝可缩至后部背上强枝处，可促进该枝的生长；大枝更新回缩时，对剪锯太近的枝条有抑制和削弱的作用。核桃树愈合能力强，粗大枝锯除后仍能愈合良好。

（四）各年龄时期核桃树的修剪要点

1. 幼　树　期

（1）**定干**　因地、因树制宜，早实核桃结果早、树体小、干高留 0.8～1.2 米；晚实核桃结果晚，树体大，干高留 1.5～2 米，山地核桃肥力差，干高留 1～1.2 米；密植园，干高留 0.6～1 米；果材兼用型，干高留 3 米以上。

（2）修剪要点

①控制二次枝　二次枝抽生晚，贪青徒长，春季易抽条，一定要加以控制。方法是一般的疏除或粗壮的留下，或摘心，或短截培养枝组。

②利用徒长枝　运用夏季摘心或短截法，促使徒长枝中下部果枝生长健壮。

③长放强旺营养枝　其发枝量、果枝量和坐果量较多，二次枝数较少。

④疏除过密枝　不宜留桩。

⑤处理好背下枝　萌芽后或枝条生长初期，在母枝原头变弱、开张角小时，可用背后枝换头；若背下枝中庸并已形成混合芽，则可保留结果。若背下枝强，则结果后可将其回缩到后部，变成小的结果枝。

2. 初果期树　①疏、缩辅养枝，给主、侧枝让路。②回缩衰枯的结果母枝和结果枝，促发徒长枝，再经轻截形成枝组。③通过摘心和短截，将二次枝培养成枝组。④疏除无用枝，如干枯枝、过密枝、病虫枝、细弱枝和重叠枝等。为防止结果部位外移，要对树冠外围强旺二次枝进行截、疏。

3. 盛果期树　①及时回缩过弱、低垂的骨干枝。②疏除过密的外围枝，以改善内膛光照。③合理配置枝组，枝组要遵从里大外小、下多上少、通风透光的原则配置，枝组间距0.6～1米。

五、花果调控

（一）促花保果

1. 新型果树叶面肥 PBO　为了防止霜冻和保花保果，建议在树体萌动后、幼果期和幼果膨大期，各喷1次PBO，也可根据

树势强弱，调整叶面肥的使用次数；采果后，立即对根施肥，株施 6～9 克 PBO，可充实枝条，抑制枝条旺长，有利于越冬。

2. 人工授粉

（1）**花粉采集**　从强健树上采集要散粉或刚散粉的雄花序上的小花，放入干燥室内晾干，温度保持在 20～25℃。经 1～2 天，将花粉收集在小瓶中，置 2～5℃温度下备用。花粉生活力在常温下可活 5 天左右，在 3℃时可活 20 天以上。出粉量：465 千克雄花序可出干花粉 5.3 千克，或每千克雄花序可出干花粉 2.87 克，每株树人工授粉需花粉 2.8 克，喷授需 3 克。

（2）**授粉适期**　在雌花柱头开裂并呈"倒八字"形时，羽状柱头突起会分泌大量黏液，并有一定光泽时，为雌花授粉的最佳时期，即雌花盛期，时间只有 2～3 天。每株树上雌花期长达 7～15 天，可进行两次授粉。

（3）**授粉方法**　核桃为异花授粉品种，在自然授粉条件，往往坐果率不高，人工授粉坐果率可提高 17%～26%，授粉方法如下。

第一，用授粉器或医用喉头喷粉器将花粉喷于柱头上，喷头离柱头要有 30 厘米的距离。

第二，花粉袋抖粉法适于在大树上用。将花粉与淀粉按 1∶10 混匀，装入 2～4 层纱布袋内扎好口，挂在竹竿上，在树冠迎风面轻抖。

第三，将花粉配成悬液（1∶5 000），或蔗糖液（花粉、蔗糖、水的比例为 1∶50∶3 000），或粉硼液（花粉、硼、水的比例为 1∶0.2∶3 000），可提高坐果率。也可与叶面肥结合（花粉、蔗糖、尿素、水比例为 1∶50∶20∶3 000）。

（4）**授粉时间**　上午 9～10 时或下午 3～4 时为宜。

（二）疏除雄花

1. 疏雄作用　节省营养，用于雌花发育；提高坐果率15%～

20%；增产 12.8%～37.5%。

2. 疏雄标准　以疏除全树雄花芽 90%～95% 为宜，使雌、雄花序之比达到 1∶30～60 较好。

3. 疏雄方法

（1）**人工疏雄**　用带钩长杆拉下枝条，掰除雄花即可。

（2）**药剂**　在雄花刚膨大时，用山西省果树研究所配置的疏雄剂 150～200 倍液进行喷布，2～3 天后雄花逐渐脱落。

（3）**疏雄花芽**　以雄花芽未萌动前的 20 天内进行较好。

（三）疏　果

1. 留果标准　一般以 1 米² 树冠投影面积留 60～100 个幼果为宜。过多会削弱树势，降低果实品质（表 11-4）。

表 11-4　核桃适宜留果量

冠幅（米）	投影面积（米²）	留果数（个）	产量（千克）
2	3.14	180～240	1～2
3	7.06	430～600	4～5
4	12.56	800～1 000	8～10
5	19.6	1 200～1 600	12～16
6	28.2	1 700～2 200	17～20

注：引自魏玉君《薄皮核桃》。

2. 疏果时期　一般在雌花受精后 20～30 天、子房长到直径 1～1.5 厘米时进行为宜。

3. 疏果方法　疏果仅限于早实核桃坐果率高的品种，主要疏除弱树、弱枝上的幼果，也可连同果枝剪掉。花序坐果 3 个以上的，酌情留 2～3 个幼果便可。

六、病虫害防治

（一）主要病害

1. 核桃细菌性黑斑病

（1）**危害部位**　该病属细菌性病害，主要危害果实、叶片、嫩梢、芽、枝条和雄花序。一般被害株率达 70%～90%，被害果率达 10%～40%，严重者达 95% 以上。

（2）**防治要点**　①结合修剪清除病枝、病果。②花后 3 周开始用药，每 14 天 1 次，共喷 5～7 次。药剂有 70% 甲基硫菌灵 700 倍液＋50% 多菌灵 600 倍液。

2. 核桃溃疡病

（1）**危害部位**　为真菌性病害，主要危害主干、嫩枝和果实，轻者被害株率 20%～40%，重者被害株率 70%～100%，病树衰枯乃至整株死亡。

（2）**防治要点**　①增施有机肥，合理整形修剪。②冬春刮老皮，之后涂喷 5～10 波美度石硫合剂，或 50% 多菌灵可湿性粉剂 1 000 倍液。

3. 核桃枝枯病

（1）**危害部位**　该病属真菌性病害，主要危害枝干，枝干受害率在 20%～90%，会影响树势，降低产量和质量。

（2）**防治要点**　①加强农业防治，提高树体防冻、防旱和防虫能力。及时清除病枝，将其烧毁。②重病园可喷 50% 多菌灵可湿性粉剂 1 000 倍液，加强防治。

（二）主要虫害

1. 核桃举肢蛾

（1）**危害部位**　在各核桃产区均有发生，果实被害率达 30%～

90%，是降低核桃产量、质量的重要害虫。

（2）**防治要点** ①清园，消灭越冬幼虫。②杀成虫，即在成虫羽化前进行树盘覆土，厚度2～4厘米；或树下撒0.1～0.2千克杀螟硫磷粉杀成虫。③拣拾虫果、落果进行深埋。④成虫产卵期，每15天喷1次5%溴氰菊酯可湿性粉剂5 000倍液。

2. 小吉丁虫

（1）**危害部位** 该虫是核桃主要害虫。主要危害1～3年生枝皮层，造成枯梢、死树。被害株率高达90%以上。

（2）**防治要点** ①清园，采后消灭越冬虫原。②幼虫危害期，查出幼虫蛀孔，立即涂抹5～10倍敌敌畏液。③树上喷溴氰菊酯可湿粉剂性5 000倍液，或10%氯氰菊酯乳油1 500～2 500倍液。

3. 木橑尺蠖（吊死鬼）

（1）**危害部位** 食叶，有时吃光全树叶片，危害十分严重。

（2）**防治要点** ①在成虫羽化期，用黑光灯诱杀。②树上喷药。幼虫孵化盛期，树上喷5%溴氰菊酯可湿性粉剂5 000倍液。

4. 草履介壳虫

（1）**危害部位** 吸食树液，易致枝条枯死，降低产量、品质。

（2）**防治要点** ①萌芽前喷500～600倍高浓缩强力清园剂或5波美度石硫合剂。②保护天敌黑缘红瓢虫和红缘瓢虫等。③树干上围防虫带。④若虫上树前，往根颈周围土壤喷60%的柴油乳剂。

参考文献

［1］张毅萍，朱丽华. 核桃高产栽培［M］. 北京：金盾出版社，2010.

［2］孙志军，罗秀钧. 核桃优良品种及其丰产优质栽培技术［M］. 北京：中国林业出版社，1998.

［3］曹尚银，李建中. 核桃标准化生产技术［M］. 北京：金盾出版社，2010.

［4］郭裕新. 枣［M］. 北京：中国林业出版社，1982.

［5］王永蕙. 枣树栽培［M］. 北京：农业出版社，1992.

［6］孙志善，杨自民，申彦杰. 枣无公害高效栽培［M］. 北京：金盾出版社，2004.

［7］孙琼，周广芳. 枣高效栽培［M］. 北京：机械工业出版社，2015.

［8］张铁强，师光禄，刘素琪. 优质鲜枣无公害生产关键技术问答［M］. 北京：中国林业出版社，2008.

［9］赵春生. 欧洲甜樱桃现代栽培技术［M］. 中国台湾：台湾出版社，2000.

［10］韩凤珠，李喜森. 怎样提高甜樱桃栽培效益［M］. 北京：金盾出版社，2008.

［11］王志强. 甜樱桃实用栽培技术［M］. 北京：金盾出版社，2001.

［12］康士勤，魏志贞，魏定国. 天水樱桃［M］. 北京：中国科学技术出版社，2010.

［13］吴禄平，吕德国，刘国成. 甜樱桃无虫害生产技术［M］. 北京：中国农业出版社，2003.

［14］农业部种植业管理司等组编. 葡萄标准园生产技术［M］. 北京：中国农业出版社，2010.

［15］刘志民，马焕普. 优质葡萄无公害生产关键技术问答［M］. 北京：中国林业出版社，2008.

［16］孙国海，李秀珍，郭香凤. 葡萄研究与栽培［M］. 北京：中国农业出版社，2010.

［17］翟秋喜，魏丽红. 葡萄高效栽培［M］. 北京：机械工业出版社，2015.

［18］刘凤之，段长青. 葡萄生产配套技术手册［M］. 北京：中国农业出版社，2013.

［19］许明宪. 石榴高产栽培［M］. 北京：金盾出版社，1994.

［20］冯玉增. 软籽石榴优质高效栽培［M］. 北京：金盾出版社，2006.

［21］窦连登，汪景彦. 苹果看图治虫［M］. 北京：中国农业出版社，1996.

［22］汪景彦，钦少华. 新型叶面肥PBO——农民致富的金钥匙［M］. 郑州：中原出版传媒集团中原农民出版社，2011.

［23］马之胜，贾云云. 无公害桃安全生产手册［M］. 北京：中国农业出版社，2008.

［24］康士勤. 桃优质高产高效栽培［M］. 西安：陕西出版传媒集团，陕西科学技术出版社，2015.

［25］杨运琪，刘在富. 提高桃果实品质关键技术［M］. 果农之友，2015.

［26］郭晓成，严潇. 桃安全优质高效生产配套技术［M］. 北京：中国农业出版社，2006.

［27］王有年，邢彦峰，周仕龙等. 优质桃无公害生产关键

技术问答 [M]. 北京：中国林业出版社，2008.

　　[28] 孙安宁. 桃省工高效栽培技术 [M]. 北京：金盾出版社，2014.

　　[29] Л.К 康斯坦丁诺夫著，汪景彦译. 果园露冻 [M]. 北京：中国农业出版社，1991.

　　[30] 汪景彦，崔金涛. 图说桃高效栽培关键技术 [M]. 北京：机械工业出版社，2017.